U0348450

Richard Templar

泰普勒法则丛书

破茧

认知的深度突围

原书第4版

Fourth Edition

[英] 理查德·泰普勒 著

陶尚芸 译

The

Rules to

Break

机械工业出版社

CHINA MACHINE PRESS

北京市版权局著作权合同登记号　图字：01-2023-1019

图书在版编目（CIP）数据

破茧：认知的深度突围：原书第4版 /（英）理查德·泰普勒（Richard Templar）著；陶尚芸译 .— 北京：机械工业出版社，2024.2

书名原文：The Rules to Break，Fourth Edition

ISBN 978-7-111-74763-5

Ⅰ.①破…　Ⅱ.①理…②陶…　Ⅲ.①成功心理 – 通俗读物
Ⅳ.①B848.4-49

中国国家版本馆CIP数据核字（2024）第034314号

机械工业出版社（北京市百万庄大街22号　邮政编码100037）
策划编辑：坚喜斌　　　　　责任编辑：坚喜斌　陈　洁
责任校对：肖　琳　张　征　　责任印制：张　博
北京联兴盛业印刷股份有限公司印刷
2024年3月第1版第1次印刷
145mm × 210mm · 8印张 · 1插页 · 164千字
标准书号：ISBN 978-7-111-74763-5
定价：59.00元

电话服务	网络服务
客服电话：010-88361066	机　工　官　网：www.cmpbook.com
010-88379833	机　工　官　博：weibo.com/cmp1952
010-68326294	金　　书　　网：www.golden-book.com
封底无防伪标均为盗版	机工教育服务网：www.cmpedu.com

鸣　谢

在此，我要感谢许多帮助我完成本书的人，特别是以下的读者朋友：

奥拉比西·阿德布勒（Olabisi Adebule）

尼基·贝茨（Nikki Betts）

米娅·克莱兹（Mia Craze）

格兰登·霍尔（Glendon Hall）

维吉尼亚·乔西（Virginia Josey）

黛布拉·彭宁顿－比克（Debra Pennington-Bick）

尼克·桑德斯（Nick Saunders）

序　言

当你年轻的时候，你会学到各种各样的法则。比如，想要的未必能得到，生活中最好的东西是免费的，太熟悉就会掉以轻心，耐心是一种美德。还有一些写给你的家人或老师的法则。生活中的法则，有些是别人灌输给你的，有些是你一路走来慢慢学会的。随着年龄的增长，你会了解到更多的谚语、原则和信念，其中有许多法则是你从来没有想过要质疑的。所以，当你成年后，不管你是否知道，你都生活在一堆所谓的“法则”中。也许只有当你突然对一个苦苦挣扎的朋友或年轻人滔滔不绝地说出这些法则时，你才会意识到这一点，然后你会想：“这些到底是从哪里来的？”

问题是，这些法则作为善意的人给出的“建议”，往往是不对的。其中很多有时候是对的，但是告诉你的人没有向你解释有时候你应该无视这些法则，甚至采取相反的做法。

关键是，你必须学会质疑，学会独立思考，而不是盲目地遵循别人为你制定的法则。否则，你会无缘无故地让自己痛苦不堪。“学会相信自己的判断”，这是一句你可以一直遵循的法则。

我并不是说你被教导的一切都是错的——无论是流行的说教，还是你家人给你灌输的价值观。例如，我完全同意“三思而后行”的说法。经过深思熟虑之后，我依然同意这句话。但也有其他的可能，比如，我认为有时中途改变策略也是一个好主意。我不同意攻击是最好的防御方式，尽管有时它可能是唯一有效的方式。

金钱当然不是万恶之源。我们不能把责任推给那些可怜的、没有生命的纸币和硬币。

然而，这些“冒牌法则”可能并不都是流行的谚语，其中一些是广泛传播的信念。它们可能有十几种不同的表达方式，但归结起来，它们潜在的共同主题是非常无益的。

自从写了《人生：活出生命的意义》(*The Rules of Life*）和其他的法则书（这些书概述了从生活中获得最大的收获，找到最简单、最充实的生活的人们的行为），我发现人们真的很喜欢遵守法则。这就是问题的一部分。我们中的许多人都喜欢遵守法则，以至于我们不想去质疑法则。我收到了很多读者的电子邮件，他们发现自己所遵循的法则实际上是我所说的“冒牌法则”——他们在生活中获得的善意的建议或信念。这就是我写本书的原因。让我们对许多人所携带的无用的信念和行为进行审视，并好好地“奚落”一番，看看它们是否真的合格。

想一想，这就是我要传达的信息。质疑你被教导的一切，在你考虑是否同意别人的法则之前，不要按他们的法则生活。[㊀]无论你是 18 岁还是 80 岁，都要审视一下童年时被告知要盲目遵循的那些准则，并自己决定它们是否正确。记得一定要常常扪心自问：“我为什么要相信这个？”“这有用吗？”

我不是怂恿你无视任何你不喜欢的法则和价值观（我不会那样做，你做任何事都不需要我的许可）。那不是通往幸福或成功的道路。你要对自己诚实。有时候，你会发现自己不情愿地同意了一些你希望自己不同意的法则。请不要不假思索地与他人的价值

㊀ 是啊，甚至不能依赖我总结出的法则。

观捆绑在一起。当你成为一个成年人时，你可以开发出一套属于自己的法则。

我鼓励大家打破所谓的“法则”，至少在某些时候要打破常规。我发现，这些问题在各行各业的人当中都出奇常见。在每条法则的末尾，我都会提供给大家一个靠谱的“备选方案”或恰当的替代法则。我希望你觉得它们有用，并告诉我你的进展如何。你可以通过我的 Facebook 主页联系我。我不能承诺总有时间回复你，但我可以保证我会饶有兴趣地阅读你的帖子，我也很想知道你成功地打破了哪些法则。

理查德·泰普勒

玩转破茧法则

读一部囊括了让你自我感觉更快乐、更成功的100条法则的佳作，也许听起来有点令人生畏。我的意思是，你应该从哪里开始呢？你可能会发现你已经遵循了其中的一些法则，但是，你怎么能期望一下子学会几十条新法则，并开始将它们全部付诸实践呢？别慌！记住，你不需要做任何事情——你这么做是因为你想这么做。让我们把事情保持在一个可控的水平，这样你就可以继续这么做了。

你可以用任何你喜欢的方式来做这件事，但如果你需要建议，下面是我的建议：通读本书，挑出3~4条你觉得会对你产生重大影响的法则，或者你第一次阅读本书时突然想到的法则，或者对你来说是个绝美起点的法则。把这些法则写在下面的空白处：

____

____

____

____

坚持实践几个星期，直到这些法则在你心中变得根深蒂固。它们已经成为你的一种习惯。干得漂亮，太棒了！现在你可以用你接下来想要实践的更多法则来重复这个练习。把这些法则写在下面的空白处：

太好了。现在你真的有进步了。按照你自己的节奏来完成这些法则——不用着急。不久你就会发现自己真的掌握了所有对你有帮助的法则，而且越来越多的法则会变得根深蒂固。恭喜你，你是一个真正的破茧法则玩家。

目　录

第一章　需要打破的法则

第二章　附加法则：需要遵守的法则

第三章　其他不可错过的人生智慧

第一章

需要打破的法则

需要打破的法则 001

找到好工作就是成功

总是有人想告诉你，如果你不做某事，就永远不会成功。我敢打赌你一定听过这样的话："除非你全力以赴，努力学习、考上大学、考试及格、找到一份'正经'的高薪工作，否则你的人生将一无所获。"

但请稍等。我们如何定义成功？通往成功的途径如此狭窄吗？

父母、老师或好心的朋友告诉你这些事情，可能是假定你想要的生活是住在一所好房子里、有大量的金钱和做一份值得尊重的工作。

稍等，让我们先假设他们的说法是正确的。考取好成绩、上大学、在知名公司找到一份工作、在公司里步步高升，真的是实现这些现实目标的唯一途径吗？不，当然不是。这是一种方法，但不是唯一的途径。实际上，有很多人早早地离开了学校，但也赚了一大笔钱。

但是，谁说拥有大量的金钱和一份重要的工作是一个人成功的要素呢？这可能是衡量成功的常用标准，但这并不能说明这种标准就是真理。

确定成功要素的唯一方法就是明确什么能让你对生活感到满意。对一些人来说，这可能意味着一辆豪车或一个引人注目的职位。如果这对你有帮助，那很好，这就是你的目标。

但如果你感觉不对，那是因为你和许多人一样在生活中寻找其他东西。对你来说，成功可能意味着拥有一个有很多孩子的大家庭，或者拥有一份让你有足够时间去追求其他兴趣的工作，或者享受助人为乐带来的满足感，或者找到一份吸引你的工作——即使薪水很低且晋升前景很渺茫也没关系。

我认识一个人，只有当他在威尔士一个荒凉的山坡上自给自足地生活，并且只有他的狗狗常伴左右时，他才感到满足，因为他得到了他想要的。我还认识一个人，只有当她在伦敦租到一套公寓，过着城市生活时，她才会感到成功——她的工作很简单，也没有前途，但她丝毫不在乎。我认识一些人，他们认为成功就是能够离开大城市，在乡下安静地生活，找一份更普通的工作，住一间更小的房子；还有一些人，貌似无论做什么工作，只要不出门，就能感到快乐。我的一个儿子在他花了好几年时间修复的一艘古朴的小船上生活得非常开心，他不为自己如何挣钱来照顾这艘小船而烦恼。他的成功感来自于拯救了这艘小船，并在小船上建立了自己的家。

即使是那些追求更传统的成功观念的人，对成功的看法也可能大相径庭：有些人想要炫富，有些人想要安全感；有些人为了地位想要获得最高职位，有些人则痴迷于迎接挑战。我们都是不同的个体。对几乎所有人来说，获得成功意味着努力工作和目标明确。但只有你自己知道该关注什么。

所以，不要让任何人告诉你成功的要素是什么，因为他们不知道成功对你意味着什么。此外，你需要自己思考成功意味着什么，否则你无法朝着成功的方向努力。

法则 001：成功是什么，你说了算。

需要打破的法则 002

有的人生来就是幸运儿

我们总是想过别人的生活，垂涎他们所拥有的——他们的技能、才干、朋友、金钱和生活方式。那是因为你只能看到表面的东西，即他们让你看到的东西，或者他们在社交媒体上发布的东西。你可能只注意到你羡慕的部分。

当我还是个小男孩的时候，我们班上有个孩子每门功课都很出色。他很聪明，几乎不需要努力。天啊，我真希望我能像他一样。几年后，我才意识到他实际上比我想象的要努力得多。他很聪明，但没有那么出众。他努力学习的原因是因为他的父母管教很严，除非他完成了他们期望他做的作业，否则不让他看电视或出去玩。事后回想起来，我很庆幸没有实现小时候的梦想——挥舞魔法棒，让我和他互换人生。我会讨厌那样的人生。

实际上，想想看，学校里的孩子们正在经历着各种我们当时一无所知的事情。酗酒、丧亲、父母离婚、虐待……作为成年人，我可能仍然不怎么清楚别人生活中发生了什么。

所以，我不再羡慕别人，因为我不知道我是否真的想成为他们的样子。至少我知道自己身处何方，我在做我自己。我习惯了，我也有一定的控制能力，这很重要。即使其他人现在看起来真的很幸福、很富裕，谁又能确定他们未来会走向何方呢？这一切可能会在几年内崩塌，而我能坚持做我自己，我会因此感到非常欣慰。

你有没有想过那些羡慕你的人？我打赌，肯定会有几个羡慕你的人。也许他们羡慕你的一切，或者某些具体的东西——你的自信、你的足球技巧、你的朋友、你的派对邀请、你的大学学位。我们有一种愚蠢的倾向，即我们总是对自己拥有的东西想当然，所以我们只关注自己缺乏的东西。也许我们应该多看看别人眼中的自己。我们都是积极和消极的混合体，而你的混合体并不比别人的更好或更差。

还有一件事值得提醒：只要你把注意力集中在别人身上，你就没有时间去处理自己生活中不喜欢的事情。与其希望自己拥有他们所拥有的，为什么不多花点时间想想如何得到自己想要的呢？少一点自怨自艾，多一点积极进取，就没什么好羡慕的了。

法则 002：不要羡慕和嫉妒别人。

需要打破的法则 003

你需要合适的学历

你在为功课发愁？你要在重压之下取得最好的成绩？老师、父母、朋友或导师告诉你，你的未来都取决于考试成绩？让我告诉你一个秘密：考试成绩真的不像大家告诉你的那么重要。

考试是一条捷径，仅此而已。好成绩可以最为直观地向大学或雇主展示他们需要知道的事。但很多人都是靠着一些相当糟糕的考试成绩过上了幸福而成功的生活。众所周知，爱因斯坦并未通过大学入学考试，这证明了还有很多考试并不能反映出你的真实情况。

听着，我不是劝你不用费力去考试了。对于大多数人来说，如果他们能取得最好的成绩，生活就会容易得多。此外，如果你还年轻，好成绩当然会缓和你与父母之间的关系。但如果考试成绩不理想，你也不必为此而痛苦。你可以重新参加考试，5 年或 25 年后回到大学，从最底层开始工作，选择一份对学历不做要求的职业……只要你有奉献精神，不怕辛苦，无论考试成绩好不好，你都可以做好大多数事情。

我告诉你们一件事，自从我离开学校两年以来，就没有一个雇主问过我的考试分数。没错，虽然并非所有行业都这样，但仍然有无数的工作需要的经验和天赋比考试分数重要得多。当你 18 岁的时候，考试分数是雇主必须要问的；当你 28 岁的时候，他们更感兴趣的是你过去十年做了什么，而不是你在学校里做了什么。

我再告诉你们一件事，我记得，当初同学们都在纠结是选化学还是选物理、选择学习哪门语言、是否真的需要选修历史。但我可以告诉你，除非你要从事一个非常特定的职业（比如医学），否则你选什么科目都不重要。选择你喜欢的科目吧！

你知道吗，我这本书的策划编辑拥有物理学学位。这对出版业有什么用？不过我敢打赌，她 18 岁的时候一定为选专业而煞费苦心。我认识一位研究古希腊语的喜剧作家，不知道他的专业和职业有没有交集。我的姐夫曾为选择哲学还是计算机而发愁，却不知道自己会在自然保护领域工作，而他实际上想要的是环境生物学的学位。所以，五年后他又回学校学了第二专业。

你瞧，每个人都希望你做到最好，这样他们会觉得更稳妥。但事实是，你可能不需要任何东西。如果你确实需要一些你没有得到的东西，你可以以后再努力获取。现在看来非常重要的事情，几年后也许就会变得毫无意义。

法则 003：考试不是万能的，也不是终极目标。

需要打破的法则 004

你的父母总是对的

这条法则应该是针对年轻人的，但我有一种隐约的感觉，我们中的许多人在离开家后的很长一段时间里都需要参考这条法则。

小时候，我们认为（除非有非常强烈的反对理由）我们的父母是完美的。我们可能不喜欢他们设定的法则和界限，但我们认为他们一定是对的。当我们进入青少年时期，我们开始注意到一些朋友的父母和我们自己的父母真的很不一样。但我们仍然有一种潜在的感觉，即我们的父母可能是正确的。

想想看。从你记事起，你的父母就一直在学习如何为人父母。他们（你的父母）有一辈子的时间来计划、打磨和微调他们正在做的事情。所以，他们现在肯定已经接近完美了。为什么不呢?

听着，相信我的话（我可是有六个孩子的人），没有一个父母是完美的。除了为人父母的角色如此困难的事实，我们还背负了太多的包袱，从我们自己的父母抚养我们长大的方式，到我们的价值观、我们的希望、我们自己的经历、我们的烦恼……我们做过的、害怕过的、想过的一切都会影响到我们对待孩子的方式。

最重要的是，每个孩子都是独特的。即使你的父母对如何对待你的兄弟姐妹很有信心，也并不意味着他们知道如何对待你。有些孩子喜欢打破所有界限，有些孩子喜欢杞人忧天，有些孩子太努力，有些孩子很难交朋友，有些孩子是大冒险家，有些孩子总是轻言放弃。有些人就像你一样，而另一些人则截然不同，你根本不知道他们为什么会不同。我记得我最大的孩子曾跟我叫板，认为我应该知道怎么做，因为我当时已经为人父 14 年了。我指出，我以前从来没有当过 14 岁孩子的家长，所以我没有足够的相关经验可以借鉴。

看到了吗？最重要的是，你的父母一直在琢磨怎么做父母。老实说，有些父母非常善于独立思考，但他们仍然需要尝试和查漏补缺。对此我是了解的，我已经这么干很多年了。㊀

所有这些都意味着你应该听你父母的话，可一旦你够大了，不要害怕自己做决定——不管是 15 岁还是 50 岁，都由你自己决定。你的父母尽了最大的努力。一旦你成年了，就不必再听从他们的建议了。当然，你还是要礼貌地倾听，但现在你说了算。他们通常是对的，但也不总是对的。

法则 004：不要指望你的父母是完美的。

㊀ 显然你绝对不能告诉我的孩子们。我相信你不会说漏嘴的！

需要打破的法则 005

父母要为孩子的成长负责

既然你知道你的父母并不完美（不可能完美），那么，当他们犯错时，你就不能责怪他们了。他们已经尽力了。

假设有人逼你在未接受过相关培训的情况下管理全国铁路网。[㊀]你认为你第一次就能做对吗？当然不能。所以，当你的父母突然开始和你打交道的时候，你为什么还要指望他们能做好呢？当他们掌握了应对婴儿的窍门时，你已经变成了一个蹒跚学步的孩子。一旦他们知道怎么抚育幼童时，你就可以去上学了。当这一切看似顺利的时候，你突然就变成了一个青少年，这又是一个全新的育儿方式。

更重要的是，尽管你在成长过程中可能只是模糊地意识到这一点，但他们也会一直周旋在他们的工作、你的兄弟姐妹、他们的父母、家庭危机、经济顾虑等问题之间。所以，想想看，如果你把父母犯的每一个错误都归咎于他们，那不太合理。

㊀ 如果你在冰岛这样的国家，没有全国性的铁路网，你就得想想类似的东西。

为人父母没有试炼，所以父母也就无从得知自己是否适合当父母。帮别人临时照看小孩，根本算不上什么。所以，当你有机会看看自己是否擅长育儿的时候，你就已经投身于此了。如果结果发现这不是你能干好的活儿，那你便无能为力了。当然，尽管如此，大多数父母做得还不错，但没有人能一直做对。

重要的是要考虑你父母的意图。如果他们尽了最大的努力，如果他们把你的利益放在心上，如果他们爱你，那你只能将就一下了。你获得的要比某些人多。正如一位育儿专家所说："作为父母，你的工作就是让他们活着，直到他们得到帮助。"正如我们在上一条法则中看到的，一旦你成年了，你就不必再按他们说的去做了。

我只是想说，如果你不幸成为受害者，那么有些事情你可以责备你的父母。如果你的父母以违反法律的方式对待你——身体虐待、语言虐待、性虐待或心理虐待，以及构成了犯罪层面的疏忽行为——那么你可以责怪他们。即便如此，如果你能原谅他们，那就试一试吧。不是因为他们应该得到原谅，而是因为你应该释怀。

法则 005：放你父母一马吧！

需要打破的法则 006

全世界都在和你作对

我们有好运气，也有坏运气。人们对我们不好，或者我们很幸运，他们宠坏了我们。在我们成长的过程中，我们都有很棒的老师、糟糕的朋友、难缠的父母、不好相处的兄弟姐妹、支持我们的成年人……这是各种影响的大杂烩。当然，总的来说，我们中的一些人比其他人更幸运，但我们都有消极的事情要应对，也有积极的事情要处理。

一旦你离开了家，不管你是谁，一切都取决于你自己。你不能因为生活中的点点滴滴不是你所希望的那样而责怪别人。这不是你父母的错，不是你学校的错，也不是其他人的错。也许在你小时候是他们的错，但现在不是了。

我不是没有同情心，也不是说我不在乎。我只是想说，事情就是这样。除了你自己，没有人能让你的余生变得更好。你责备别人毁了你的童年，然后你又继续践踏自己的成年，这是没有用的。如果你不能为自己的生活创造一份体面的工作，你凭什么认为别人就该做到呢？

有时候责备别人是一个简单的选择。是的，也许在你经历了这么多之后，你应该得到一个简单的选项。但从现在开始，你更应该过上美好的生活。只要你把当前幸福的责任推给过去，美好的生活就不会到来。你需要从那些不好好对待你童年的人那里夺回对你生活的控制权，并告诉他们应该怎么做。

当然，这意味着当你做出错误的决定或错误的判断或不道德的选择时，那是你的问题。但是，如果你是一个真正的破茧法则玩家，这种情况不会经常发生。但如果不幸发生，你就得站出来承认一切，就像所有那些影响你童年的人应该做的那样——也许他们中的一些人做到了。你不会责怪任何人，因为从现在开始，无论你的生活好坏，都由你决定。

这不仅仅关乎什么是正确和公平的，还关乎什么对你有效。你有没有注意到那些为自己负责的人是如何变得更快乐的？他们不会感觉失控，不会认为自己是环境的受害者。当然，不是所有的事情都在我们的掌控之中，有些事情会时不时地与我们作对，但如果我们掌握了主动权，就可以采取行动来拨乱反正，或者我们至少可以用自己的方式来处理后果。

如果你责怪别人或某些事件，就把自己变成了一个受害者，而你本可以成为一名赢家。世界上到处都有证明这一点的人。如果你仔细想想就会知道，很多人过着艰难的生活，但拒绝把自己视为受害者——从南非国父纳尔逊·曼德拉（Nelson Mandela）这样的偶像到你的一些朋友。你为什么不想加入他们的行列呢？

法则006：你要对自己的生活负责。

需要打破的法则 007

我们都有被尊重的绝对权利

我的孩子们喜欢捉弄对方——至少在他们感到沮丧、不舒服或累的时候是这样。兄弟姐妹就是这么做的。许多年前，我们愚蠢地在家里制定了一个“法则”，不允许他们这样做。如果他们知道自己正在做的事情会让他们的兄弟姐妹感到沮丧，就应该停下来。现在，这对你来说可能是合理的——对我来说确实如此——但是，当然，孩子们有一个令人恼火的习惯，就是暗中破坏法则。

没过多久，我就无意中听到他们互相说：“别吹口哨了，听得我心烦意乱。不许捉弄我。”“你把刀留在黄油里的时候，我真的很生气。如果你知道这会激怒我，就不可以这样做。”是的，没错，他们夺走了我的法则，在上面乱涂乱画，然后任意践踏。现在，我只好制定另一条法则来完善这条法则：你必须宽容。

当然，阻止兄弟姐妹的争吵是不可能的，而且你也不应该这么做。这对他们有好处。但他们确实喜欢黑白分明的东西，而这不是。事实上，我们都有被尊重的权利，但我们也必须通过宽容他人来平衡这种权利。否则，整个生活就变成了与邻居、同事、朋友和家人的一连串争吵。在你开始使用社交媒体之前，在更广阔的世界里，这些人的想法可能与你不同。嗯，所以你的室友永远不会记得在咖啡用完的时候换新的。不过那又怎么样——他们是很好的伙伴，他们让这个地方保持干净整洁。你不可能拥有一切。你自己换杯咖啡有那么痛苦吗？

那么，如何对待和你政见不同的人呢？你可能不喜欢这样，但如果你想让他们尊重你的信仰，就必须允许他们表达自己的信仰。尊重是双向的。

设身处地地为别人着想是有帮助的。他们做这种令人恼火的事情是真的出于对你的不尊重（在这种情况下，你完全有权利挑战，我希望你使用外交手段），还是他们只是在做自己？对你来说，他们只是有不同的优先事项或关注点吗？也许他们是粗心大意，但这离故意不尊重还相差甚远。

当你设身处地为别人着想时，想想自己给别人的印象。你有没有可能有一些烦人的小习惯？你觉得你会激怒别人吗？不是出于对他们的不尊重，而是出于从你自己的角度看世界？我们都这样做，所以，当别人对我们这样做时，也许我们应该多一点宽容和忍耐。当然，除非他们是我们的兄弟姐妹。显然，每个人都是为了自己。

法则007：平衡一下你受尊重的权利和你的宽容力。

需要打破的法则 008

你可以选择朋友，但你无法选择家人

这个观点真是正确的吗？不幸的是，这句话是一条信口开河的言论，可能真的很有害，会让你在生活中吃亏。当然，你不能按字面意思理解“选择家人”。但在大多数情况下，你可以选择和家人成为朋友。尽管这可能需要一些努力，但这是值得的。任何一个心理学家都会告诉你，兄弟姐妹在相互竞争中成长，特别是他们会争夺父母的注意力。他们努力让自己与众不同，以便吸引别人的注意力。这是一种我们没有意识到的深层进化动力，尤其是在儿童时期。

在一些家庭中，这个观念会使兄弟姐妹之间产生隔阂。这有点不公平，现在所发生的一切都是因为孩子们太小了，还不知道怎么做，他们只是在遵循自己的基本本能。有些家长尽其所能地公平应对，但也有些家长努力管理竞争关系，甚至似乎在鼓励子女竞争。

一旦我们长大了，离开了家，我们需要把这一切都抛在脑后。

我知道知易行难，我们可能并不总是成功，但我们需要继续努力。

为什么？因为我们的兄弟姐妹和我们在一起的时间会比任何人都长。当我们的父母去世时，我们的兄弟姐妹会是陪伴我们最久的熟人。他们知道我们真正的样子——那些我们感到羞耻的部分，那些我们向世界隐瞒的部分，那些我们宁愿忘记的部分。所以，当我们需要朋友的时候，他们就会在我们身边，和我们的关系比任何人都紧密。

我认识两个兄弟，他们从小就打架，就像大多数兄弟一样。当然，他们也在一起玩。但不知何故，他们把童年的争吵延续到了成年，到了快 30 岁的时候，他们几乎不跟对方说话了。然后，他们的父亲突然去世了，不知怎的，当一家人团聚在一起时，兄弟俩发现自己最有力的支持竟然来自彼此。从那以后，他们就成了最好的伙伴。他们学会了要避免哪些旧行为，并在他们关系的某些方面重新训练自己。于是，他们找回了儿时的友谊。

兄弟姐妹必须弄清楚彼此之间的关系陷入了什么样的童年模式，然后努力去改变。我有一个朋友，她的弟弟要求她不要再把他当孩子看待，她非常愉快地接受了请求。她把这句话记在心里，下次他来住的时候，她好几次想发号施令，但都理智地闭嘴了。有趣的是，她注意到，当她不再对他颐指气使时，他却一直在问她，这个或那个该怎么做，而对于所有这些事情，大多数人都会自己解决。所以，她决定再和他谈谈，并解释说如果想让她不再指使他，他就必须停止像个孩子一样的行为。他接受了这一点。她告诉我，他们现在的姐弟关系好多了，也更平等了。

所以，如果你的姐妹仍然试图偷走你的朋友，或者你的兄弟没有停止与你竞争（即使现在争的是金钱或职位，而不是体育或学习成绩），你需要做出改变来打破这种模式。不要认为这都是他们的错，事实并非如此。这不是任何人的错。家人之间就是这样的。但随着年龄的增长，我们都需要进化。否则，下一次，当我们真正需要一个理解我们的朋友时，最好的朋友就会与我们失之交臂。

法则 008：你的兄弟姐妹应该是你一生最好的朋友。

需要打破的法则
009

老师无所不知

当我 16 岁离开学校时，我的班主任预言我将一事无成。嗯，我没有拯救世界，也没有成为首相，但我觉得我做得还不错。

大多数教师的问题是，他们除了教学，对其他事情知之甚少。他们中的许多人会和从事类似职业的人结婚。他们一辈子都在机构里工作。他们的世界很狭隘。

提醒一下，老师的工作非常宝贵。最好的老师可以对数以百计的孩子产生积极的影响，并能激励他们取得终身成就。我没有贬低老师的意思。但在我认识的老师中，很少有人知道成为航空公司飞行员、为国际发展慈善机构工作或创办自己的企业需要做什么以及为什么要这么做。[一]最好的老师会欣然承认这一点。

所以，大多数时候，他们都是脚踏实地地教你考试大纲，希望能让你对这门课充满热情。但除此之外，不要把他们说的话放在心上。例如，我知道一些孩子因为书写不好而被没完没了地斥

[一] 大多数商科老师都是这样的。

责，但他们从来没有得到过这样的安慰：在大多数工作中，字写得好不好看根本无关紧要，反正他们会用电脑打字。我们都喜欢好看的字迹，但如果你写不出来好看的字，那也没有你的老师认为的那么严重。

有些老师喋喋不休地叮嘱你守规矩。我们很多人对此都没有问题，但是有些人不行。如果你是一名老师，你确实需要守规矩，因为你在一个严重依赖循规蹈矩的机构工作。所以，有些老师看不到自己世界之外的地方。事实上，如果你想成为一名做研究的科学家、平面设计师或自由撰稿人，你会有很多机会让你的标新立异被人接受，甚至受到欢迎。

所以，请记住，老师不是无所不知的。他们对自己的课题、对学习、对在传统机构工作、对孩子都很了解。但是，他们对世界的认识也存在很大的空白。所以，如果你在学校总是被告知你的演讲很糟糕，或者你的态度是错误的，请不要灰心。找一份不那么看重这些东西而更看重你的特长的职业。无论你个人的天赋和态度如何，每个人都有自己的事业。相信自己，不管你还在学习还是已经毕业，请发挥你自己的优势。

如果你一直认为这条法则是专为你写的，因为你是一个不守规矩的人，并且手写的字也很丑，那么，请接受我的建议，不要去教书。

法则009：学校里的尖子生和生活中的佼佼者不同。

需要打破的法则 010

请你多说话

这是我经常遇到的问题。如果你天生害羞，很难交到朋友，那么社交场合可能会让你望而生畏。无论是与一般人沟通，还是与异性交流，抑或是与工作中的高级经理谈话，都可能是一种可怕的情景。你会说什么？如果你忘记要说的话了，怎么办呢？要是你出丑了，怎么办呢？

我必须提前声明，这不是我自己该纠结的问题。我愿意和任何人说话，还可以自言自语。有些人甚至会嫌我说的太多了。但我有很多朋友都面临不敢说话的问题，有时每天都有这个烦恼，我看到这个问题已经变得很严重了。

我也经常观察社交聚会上的人们，看看他们是如何进行礼貌交谈的。我可以告诉你，在这方面成功的人是那些以倾听而不是以说话为目标的人。你只需要问几个问题让对方开口，然后让他们一直说下去。迟早，除非他们非常乏味，否则他们会说一些真正吸引你想象力的东西，你可以脱离预先设计好的剧本，向他们询问更多的信息。一旦你以这种方式投入，你可能会不知不觉地参与其中，还没意识到怎么回事，就可以毫不费力地沉浸在谈话中了。即使你仍然有点拘谨，你也可以继续倾听。

人们喜欢谈论他们自己，谈论他们的想法和经历。没有人会介意你鼓励他们多说话，而且大多数人会很享受并欣赏你的倾听。人们真的很有趣。所有人都以这样或那样的方式聊着有趣的话题。

我记得有一位比我年长一代左右的家庭旧友。我过去非常害怕在社交活动中被他弄得不知所措。

在我看来，他的工作和生活似乎都很乏味。然而，有一天，他开始告诉我他关于蜘蛛的理论，以及我们大多数人害怕蜘蛛的原因是我们本能地认识到它们是一种外来物种，来自另一个星球……我可以告诉你，从那以后他真的让我着迷。我不知道哪个更有趣——是他的蜘蛛理论，还是他这种人也“信这个邪”的事实。

这种方法的另一个好处是，它把你的注意力从自己身上转移到了别人身上。当你不去想你的害羞时，你就更有可能放松下来，并投入到对话中。

如果你知道你要和谁见面，就准备一些相关的问题，比如“我听说你是个网球爱好者”之类的。如果你不知道你会遇到谁，那就列一个可以提问任何人的标准清单。每个人都喜欢谈论自己的兴趣所在，所以，试着找出别人的兴趣点。例如，“你不工作的时候都做些什么呢？”这样，你就几乎不需要说任何话了——如果你还没有准备好说什么的话。同时，每个人都喜欢认真的倾听者。

法则010：如果你不善言辞，那就做个好听众。

需要打破的法则 011

有些人就是很难相处

有些人似乎特别令人讨厌。也许他们总是哄骗别人，或者他们不停地吹嘘自己有多聪明、多智慧、多爱运动或多有钱。可能他们喜欢挑起事端，把别人私下告诉他们的事情传播出去。他们最终会因此失去朋友，或者从一开始就没有获得朋友。

那么，如果这意味着很少有人喜欢他们，他们为什么要这样做呢？没有人喜欢自己不受欢迎。我说的不是那些乐于广交朋友的人，但你不是其中之一。我说的是那些知道自己不受欢迎，但仍然不顾一切地吹嘘、吹毛求疵或令人恼火的人。

不受欢迎肯定有原因，你懂的。如果没有某种原因驱使，人们不会以一种疏远他人的方式行事。这不是理性的做法。所以，当你遇到这样的人时，试着找出他们行为背后的原因。你为什么要这么麻烦做这件事呢？因为你是一名破茧法则玩家，这就是原因。

听着，这些人需要帮助。考虑如何帮助他们并不需要你付出任何代价。也许他们想要得到关注，也许他们感到不安全。那些一直吹嘘自己有多棒的人，其实是在自言自语，只是他们没有意识到这一事实。他们没有安全感，试图安慰自己。很多人觉得自己很渺小，并试图通过贬低别人来抬高自己。这样做并不聪明，也不是正确的处理方式，但你可以看出他们这样做的症结所在。

如果你能开始了解这些人的行为动机，就更容易应对了。这可能仍然是痛苦的，但应该更容易忍受。这本身就是一个站在对方的角度思考问题的好理由。

最重要的是，也许你可以帮助他们，提供给他们所需要的。但是，对待自高自大的人，你的自然倾向就是打压他们。这是完全可以理解的，结果却适得其反。如果你这样做，他们就可能更加自我膨胀，所以他们会变得更糟，而不是变得更好。你最好给予他们必要的赞许，尽管这可能会让你难以忍受。评论一下他们的发布会组织得有多好，或者你觉得他们的报告写得有多好，或者他们在周六的比赛中表现得有多好，或者你多么羡慕他们在室内装饰设计方面的才能。是的，我知道你不想这样，但你这样对大家都好。

这样也并不总是奏效的，但你应该会因为尝试过而感觉更好。有这类倾向的人，通常他们的父母很少称赞他们，或者他们的伴侣对他们施加的压力超出了他们的承受能力，或者他们遇到其他一些可能不为他们的行为辩护，但可以部分解释这一现象的情况。通常情况下，你一个人很难解决这个巨大的麻烦，这时，来自破茧法则玩家的一点善意就很重要了。加油！试一试吧。你又有什么可失去的呢？

法则 011：没有人会无缘无故地选择刁难别人。

需要打破的法则 012

不要把时间浪费在不值得的人身上

几年前，我和一个年轻人一起共事，他的闷闷不乐和沉默寡言是出了名的。在我刚开始做这份工作时，每个人都告诉我试图和他谈话是没有意义的，那是在浪费时间。他们似乎说得对，想让他哼一声都不容易。

出于某种原因，我把这当成了一种个人挑战。我真的不知道为什么，当然不是出于任何高尚的动机。不管怎样，我以前总是问他问题，不知道答案就不罢休。然后，我开始问一些更开放的问题，这些问题需要更全面的答案。几个月后，他的态度缓和了很多，我都可以和他好好谈谈了。

其实，他是个很棒的人。别人也开始和他聊天了，他也敞开了心扉，大约六个月后，他就很受欢迎了。事实证明，他根本不是闷闷不乐，只是痛苦地压抑着自己。我们大家都不知道，他在家里经历了一段悲惨的时光。一旦他获得了自信，他就会从所有“新”朋友的支持中受益，而我们也都因为有他这样的伙伴而受益。

尽管我故意问他问题的动机不纯，但我拥有了宝贵的经验：花在别人身上的时间永远不会浪费。有时你自己看不到结果，有时你可以看到结果，但无论如何，对方都会从你的关注和友谊中获益。你可能会认为你在某人身上浪费时间，几年后才发现你对那个人的自尊或自信有多大的影响。

有些人会像我朋友那样沉默寡言，还有一些人则因为好斗、愚蠢、不成熟或令人恼火而显得太过费力。但谁知道这些东西背后隐藏着什么呢？你得不厌其烦地去挖掘。你不必成为他们最好的朋友，但你可以给他们时间，并且善待他们。大多数消极品质的存在都是有原因的，也许有些人过去的秘密可以解释为什么他们会有这么沮丧的表现。

有时候你和一个人在一起是不会有结果的。你可能会发现你为别人付出了很多，结果却被冷落或不被欣赏。或者更糟的是（这样的情况很少，这让我感到很宽慰），某个人会对你非常粗鲁，或者在背后轻视你。所以，那个人不值得你善待，是吗？不，这改变不了什么。你做了正确的事，站在了道德的制高点，这才是最重要的。

谁值得你花时间，谁不值得你花时间，这真的不是你该评判的。作为破茧法则玩家，你会善待所有人，不会看重他们是否“值得”我们善待。你善待别人又不会伤害到你自己，而且，你偶尔会在从未想过的地方发现一个忠诚的好朋友。这是一种很棒的感觉。

法则012：耐着性子与“愚人”周旋。

嗯，忍一忍就翻篇啦！

需要打破的法则 013

病痛让你不开心

疼痛的感觉折磨着你，让你脾气暴躁、沮丧，让你觉得自己受委屈了，认为自己是不可能享受生活的。

真的吗？很明显，一定会有一定程度的疼痛，但对大多数人来说，无论如何，保持快乐是完全可能的。不管你是头痛、牙痛、手腕骨折，还是患有感冒、关节炎、椎间盘突出，你都不必难受。

我和一位患有慢性关节炎的朋友进行了一次非常有启发性的谈话。有一天我问她："一直都很疼吗？"她回答说："哦，不疼！只是隐隐作痛而已。"现在，大多数人对持续的病痛感到痛苦不堪。但她选择重新定义病痛，这样她就不会感到疼痛。这给我留下了深刻的印象。从那以后，我每次感到疼痛时都采用了这种自我安慰的心理暗示。她说得很对。如果你对自己说这很痛苦，而不是安慰自己，你会感觉痛苦得多。

你一定会注意到，如果你在漫长的一天结束后，在通勤火车上感到厌倦和疲惫，有人重重地踩在你的脚上，你会发现这真的很疼。但如果你正忙着踢足球，或者在乡村享受浪漫的散步，抑或是置身于一场令人振奋的露天音乐会，你几乎不会注意到同样的疼痛。这就说明了疼痛的感觉主要存在于大脑中。如果你让大脑接管并支配你的负面情绪，它会拖累你。所以，不要让这种事情发生。

你仅仅因为受伤了就变得暴躁和沮丧，这对你或你周围的人来说都是不公平的。当你年轻的时候患病，你会感觉自己很倒霉，但是，相信我，一旦你步入中年，你身体的某个部分让你失望或不配合几乎是常态。如果这就是你扫兴的原因，那么，一旦你过了四五十岁，生活的品质就会急转直下。

最理想的情况是，当你年轻的时候，你就可以练习如何减轻疼痛。对于大多数年轻人来说，大多数时候，病痛是一种偶尔发生的不规律的现象。和你认识的一些人相比，你没什么可抱怨的。所以，你要养成这样的习惯：告诉自己头痛没有那么严重，或者牙齿只是有点疼，或者膝盖还没差到走不了路，或者你的湿疹很痒但并不是很疼。接受现实，然后罢手去做别的事。

如果你深深地专注于你的疼痛，就会试着去分析甚至静下心来解决你的疼痛感，这样你反而不能解释自己“痛苦”的原因。这只是你正在经历的一种感觉。非常有趣！现在让我们回顾一下你刚才的情绪，不要再在意那一点病痛了。

法则013：病痛不一定让你非常痛苦。

需要打破的法则 014

你无须多说，只要做好本职工作即可

在我成长的过程中，除了谦虚，任何表现都被认为是非常不礼貌的，即使是假谦虚也无妨。这种行为的理念是人们可以亲眼看到你的技能、天赋、才能、优势、成就和成功，而无须你向他们挑明。

在社会层面上，这是一条很好的法则，虽然我不赞成假谦虚，而且完全有可能做到毕恭毕敬而不是低眉顺眼。另一种选择是成为一个吹牛大王，而这从来不受你周围人的欢迎。

然而，当涉及工作时，你不能想当然地认为你的老板会注意到你所做的事情，或者意识到是你提出了那个特别有效的新系统，或者记得你去年 2 月完成的一项伟大的工作。你必须告诉他们。

我知道，有些人多年来一直在职业阶梯上煎熬，想知道为什么其他人能比自己更早得到提拔。原因很简单，他们没有让上司或老板注意到自己的功劳。看，在这个现代世界，管理人员没有时间坐下来反思他们的团队成员都做了些什么。他们没有时间去看任何不在他们眼皮底下的东西。所以，如果你想让他们看到你在做什么，就要把你的功劳放在他们的视线之内。然后，你应向他们挑明这一切。

当然，你还是不能吹牛，这可没人能接受。你不能在办公室走廊中高唱："我是这里有史以来最好的销售人员！"然后期待别人喜欢你。被人喜欢也很重要。如果你到哪儿都不受欢迎，管理层就不会想要提拔你。那么，你如何确保老板对你所做的一切好事都了如指掌呢？

你可以确保你的名字清楚地（但不是招摇地）附在你做的每一个书面类型的工作上。你可以在特定的成功之后发送电子邮件，但不要说"我是不是很聪明"之类的话，而是提及与之相关的话题，比如寻求反馈、吸引人们对重大销售业绩或成功的关注、传递顾客的反馈。你甚至可以把老板对你团队的感谢语复制到你的电子邮件中。他们都强调你负责任，没有吹牛。一定要在评估中提到你最引以为傲的事情，以防你的老板"贵人多忘事"。如果你自己设计的新系统、新方法、新策略或新技术取得了成功，请主动写一份报告，说明公司在全面引入该系统后将如何受益。

看到了吗？这些事情都不会让你的老板对你的咄咄逼人或自吹自擂感到畏惧，反而会确保你的优势被注意到，以便在下次升职或加薪时你的名字将被提起。

你只需要再做一件事，就能让你的努力变得有价值，那就是做好你的本职工作。

法则 014：你不说，领导怎么知道你优秀。

需要打破的法则 015

不惜一切代价得到你想要的

当人们对你进行情感勒索时，你是什么感觉？他们试图让你为他们撒谎，因为如果你不照做，他们就会有麻烦；或者他们要求你借钱给他们，因为他们真的需要给他们可怜的奶奶买一份生日礼物；或者他们给你施加压力，让你参加一个你显然不想参加的聚会，因为如果他们不认识在场的任何人，他们会感到非常不舒服。

如果你和我一样，当这种情况发生时，你会感到愤愤不平，对被人利用有点恼火，不太愿意做别人要求的事情。然而，我们仍然经常让步，因为对方让我们很难在理由正当的情况下拒绝。有些人是出于内疚才答应的。[㊀]这当然是他们的意图——情感勒索者不在乎我们的感受，只要他们得到他们想要的就行。

让我有点惊讶的是，虽然我们都讨厌被情感勒索，但有些人

㊀ 法则 85 将讨论这个棘手的话题。千万不要直接跳到法则 85，等你逐篇读到那里再说吧。

似乎对这样做毫无悔意。我的观察是，因为这表面上是一种相当微妙的操纵，他们认为自己不会被发现，认为与他们交谈的人这次不会意识到这是情感勒索。

这是完全错误的。当我们被勒索的时候，我们都知道，因为我们被施加压力去做一些我们不想做的事情。当我们说“不”的时候，那就是拒绝的意思。如果有人不接受这个答案，并不断施加压力，无论他们采用什么方法，我们总是感到不舒服和抗拒。所以，我们开启了自己的直觉，可以在 1 英里（1 英里 =1.609 千米）外发现情感勒索。

情感勒索是一种胁迫，作为破茧法则玩家，我们不会这么做。无论是身体上、情感上、经济上、心理上或其他方面，我们都不采用任何强迫的方式。如果有人说“不”，我们就接受。

是的，我知道，如果你的朋友不帮你掩饰，你会有大麻烦。我知道，你的奶奶非常想要一份生日礼物，而你又一贫如洗。我知道，如果在场的人你一个也不认识，你会讨厌这个聚会。我并不是说你在撒谎。我根本不在乎你说的是不是真话。但这并不能说明一切都好。你专注于自己的感受和想要的东西，忽略了被你施加压力的人的感受。这不太好，不是吗？请提出你的要求，陈述事实，保持冷静，并准备接受对方的拒绝。

法则 015：拒绝情感勒索，不要动不动就打感情牌。

需要打破的法则 016

一物一位，物归其位

我从小就被灌输这样的观念：我“应该”早起，保持房间整洁，不吃巧克力。还有很多其他类似的观念。我周围的成年人都在给那些没有道德维度的问题赋予道德价值。

努力工作，友善待人，试图让世界变得更美好……这些已经够艰难的了。我们完全没有必要让自己背负各种冒牌标准，这些标准只会让我们的日常生活变得更加艰难，对任何人都没有好处。在我自己的房子里，如果我不想整洁，为什么要保持整洁呢？我当然不会在街上乱扔垃圾，但我可以把洗碗的差事留到早上再做。这里没有道德问题，没有好坏之分，没有美德与罪恶之分。如果我没有浸泡过餐具的话，要把碗碟弄干净就得费点力气了。这是我的选择。

例如，如果你想睡懒觉，就不要让任何人给你洗脑，让你觉得在某种程度上是自己的错。只要你不需要去别的地方，你可以想起多晚就起多晚。早起并不“好”。我曾经住在一个小村庄里，我隔壁的小老头经常用一种不满意的语气说："我注意到你的窗帘直到今天上午 10 点才打开。"他如此说，就好像我是一个淘气的孩子。

我有一个亲戚，每当你给她一块巧克力时，她总是说："哦，我不该……"然后把手伸进盒子里，说："我真淘气。"不！这只是一块巧克力——想吃就吃，不想吃就不要吃，但不要拿它来说教。

最令人沮丧的是，这些错误的道德准则变得如此普遍，以至于会严重影响人际关系。例如，很少有夫妻对整洁有着相同的标准。这应该是可以接受的。需要协商的是夫妻俩能容忍房子混乱到何种程度，如果超过这个程度，谁来做点什么。这足以让夫妻俩达成共识。然而，事实上，几乎总是发生的事情是，整个讨论都是在这样一个假设下进行的：比较整洁的一方在道德上是对的，而比较邋遢的一方在本质上是错的。为什么？仔细想想，然后试着弄清楚为什么保持整洁会"更好"。整洁的房间可能更实用，或者帮助你更快地找到东西，或者防止你被家具绊倒。但另一方面，保持整洁需要更多的努力，不能让人太放松，还需要清洁时间。道德问题不在此列。这只是个人喜好的问题。

一旦你开始寻找这些东西，你可能会发现自己背负着各种各样你不需要的道德包袱。每个人的父母和老师都把这样的价值观强加在他们希望灌输给你的真正的道德之上。所以，要时刻质疑，不要让任何人因为那些只影响你自己的事情而让你感到内疚。

法则 016：整洁并不是道德上的高人一等。

需要打破的法则 017

别人怎么想很重要

不，不，不，你的想法很重要。我指的是你内心深处的想法，而不是你想要的想法。人生中唯一可靠的导航方式就是拥有自己的指南针。如果你想知道自己是否步入正轨，只需要参考你自己即可。

我有一个亲密的朋友，她总是对自己不满意。不管她工作做得多好，她总觉得自己应该做得更好。她是个好妈妈，但她总觉得自己把家里搞得一团糟。为什么呢？因为她的母亲要么告诉她做得不够，要么在她做得很好的时候不给予表扬和肯定，以此暗示她做得不够。

我的一个同母异父的兄弟，在很小的时候就失去了父亲，他一生都在寻找他父亲的认可。遗憾的是，他永远也得不到。这意味着，除非他学会在自己内心找到认同，否则他将永远郁郁寡欢，为不存在的东西而苦苦挣扎。再多的成就（个人的、社会的、工作的或其他成就）都不能让他感到满足。

我们中有太多的人落入了这种陷阱。没有自信是其中的重要因素。如果你认为某人有资格评价你的成就，而他对你百般贬低，那你很难找到自信。但你需要找到自信，学会相信自己的判断。如果有必要，少和那些对你苛刻的人待在一起，多结交那些鼓励你的朋友、家人和导师。这是为了提升你，而不是用一个评委团取代另一个评委团，因为最终你是唯一重要的评委。我知道这很难，但回报是值得的。

事实是，不管别人怎么说，你都需要自己明确的价值观和原则。即使你周围都是积极的支持者，你仍然需要能够自己判断自己的行为。只有这样，你才能在最黑暗的时刻或面对最艰难的决定时感到从容不迫。因此，要想成功地度过一生，你必须找到自信，不管别人怎么想，你都要相信自己。

我并不是说当你尊敬的人表示赞同时，你不应该感到开心。请享受开心的时刻吧！但也要学会自得其乐地享受自己的成就，而无须别人的认可。

法则017：不要为了别人的认可而活。

需要打破的法则 018

你得到什么就给予什么

你是否曾经被你关心和善良对待的人打过一记耳光？我们大多数人都有过这样的经历，我们希望自己没有为此而烦恼。我以前有两个邻居，都是老妇人（遗憾的是，现在都已经去世很久了），一个叫埃尔西，一个叫菲利斯，她们是好朋友。有一天，埃尔西邀请菲利斯来家里吃午饭。就在相约时间之前的半小时，菲利斯突然打电话给埃尔西说："我不去你家吃午饭了，你不必麻烦再请我了。"然后，菲利斯就挂断了电话。那是在我搬进这个社区的 15 年前，但这么多年后，当我遇到埃尔西时，她仍然不知道自己做错了什么。菲利斯从那以后就没跟她说过话。

可怜的埃尔西对此感到很难过，你可以理解她面对未来的友谊时的犹豫不决。但她天生就是一个乐于奉献的人，她没有让这段经历改变她。她继续对周围的人表现出善良和慷慨，我们喜欢她做我们的邻居。她很受欢迎，家里总是挤满了人。随着年龄的增长，她的身体越来越虚弱，但依然得到了很多朋友的支持。

这有点儿像一些民间传说，但这是个真实的故事。故事情节也在意料之中：菲利斯确实很刻薄，很难相处，多年来她几乎疏远了所有邻居，几乎没有朋友。她是我唯一闹翻过的邻居，我也不知道我是怎么惹她不高兴的。

我们以前都听过这样的故事，但是它确实会发生在现实生活中，一次又一次地发生在我们身边。如果你善良、乐于助人、体贴周到，你会有很多朋友，在你需要的时候会得到很多支持。就像埃尔西一样，积极的东西并不总是来自你给予过的某个人，但一定会给你回馈。

你就把这想象成因果报应吧。我儿子一个朋友的爸爸每周都会很早开车送我儿子去学校，因为我和妻子没办法送他去上学。有时候我为自己无法回报而感到难过，尽管这位父亲真的不在乎，因为他是个慷慨的人，很乐意帮忙。然而，我偶尔会让另一个朋友的孩子在上学日的晚上留在我家过夜，但我不需要他们帮我什么忙作为回报。我想我们都在以某种方式互相帮助，只要我们都乐于帮助别人（不一定是帮助我们的那个人）。我们都会获得积极的因果报应，这个因果系统就运转起来了。

你不知道将来你会需要谁的帮助或支持，所以，只要不断地建立这种因果关系，它就会在你最需要的时候回到你身边。

法则018：你给予什么就得到什么。

需要打破的法则 019

人以群分

当我二十出头的时候，我在一个行业里工作了一段时间，那里的人来自各种各样的背景。小镇贫民区的 70 多岁的老人与 20 多岁的纨绔子弟结交；30 岁的人常常管理 50 岁的人；拥有高学历的人常常与 16 岁就辍学的、考试总是不及格的人一起闲逛。

这是一种奇妙的解放，具有巨大的教育意义和极大的乐趣。你很容易花大把的时间同与你年龄相仿的人在一起，他们和你做同样的事情，在工作之外也有相似的兴趣。虽然也许和这些人交朋友很容易，但他们也……很简单。花点时间同与你截然不同的人在一起会有趣得多。

我不是建议你甩了所有老朋友。远非如此。他们中的一些人可能值得你去结交。但你要尽最大努力让自己置身于能交到更具挑战性的新朋友的环境中。我并不是说他们会是棘手的人（有些人可能是），而是说他们有非常不同的背景（无论是在年龄、教育、阶级还是其他方面），这意味着他们的一系列态度和价值观可能与你不同。这是件好事，因为这会促使你去思考。

在某种程度上，我们都是心胸狭隘的。这是不可避免的。没有人能知道世界各处都是什么样子的。特蕾莎修女可能对生活在澳大利亚内陆的牧场没什么体验。但是，你对不一样的生活进行的尝试越多，你就越了解别人，也就越能照亮你自己的生活。更不用说，你还会发现世界各地的人本质上都是一样的，如果你去寻找，你会在不同的地方找到同样的好朋友。

有些人很难与之成为朋友，有些人可能并不值得你付出友情。但重要的是，你不要忽视和你不一样的人，因为那样你会错过一些最有价值的友谊。也许他们来自一个不同于你的世界，或者他们有不同于你的兴趣或态度。如果你真的没有什么可以与对方分享，你可以只是朝着他挥手并微笑。但请留意是否有一些你起初没有意识到的共同语言。通常最不可能的朋友也可能是最好的朋友。

法则019：你的朋友不必非得像你。

需要打破的法则 020

生活中最美好的东西都是免费的

据说，生活中最美好的东西是免费的。但是，它们是什么、何时会出现并不由你掌控。有时事情发生了，你甚至都没意识到。真正值得拥有的东西是需要付出努力的。

最值得珍惜的是朋友和家人。人不是凭空而来的，爱也给人带来伤痛。这听起来像一个甜蜜的负担[㊀]，这就是问题的关键。这就是爱在一切进展顺利时的美妙之处。没有一段感情是容易的。人们说你必须在人际关系上努力。除非你真的做到了，否则你无法明白其中的意义。你必须通过妥协和牺牲来保持一段牢固的关系，这是真的。如果你们的关系很好，你的另一半也会做同样的事情。而牺牲的全部意义就在于它会伤害人，否则它就不是牺牲了。但牺牲也是值得的，否则你也不会去做。

孩子也是一样（如果你没有孩子，或者甚至不想要孩子，从你父母的角度来读这篇文章——实际上，无论如何，都要这样

㊀ 瞧，我可以一心多用。

做）。每次他们出了问题，你都会心碎。每当你想到他们的生命是多么脆弱，你就想紧紧抓住他们，永不放手。但你必须让他们走出去，让他们自己犯错误，让他们去冒险，而你能做的就是站在一旁观望，眼巴巴地干等着。当然这很伤你的心，让你每一天都在煎熬中度过。但那是因为你太爱他们了，所以这份煎熬是值得的。

你逃不掉的。避开伤害的唯一方法就是逃避生活。不要介入，不要和任何人说话，不要去任何地方，不要看任何东西。这有什么意义呢？不行，你要不加思索地投入进来，咬紧牙关忍住疼痛。这是值得的，真的。而让这一切变得如此美妙、令人兴奋、充满活力的，是你为了达到目标所经历的所有痛苦。

我并不是说你要一直沉浸在痛苦中。有些事情你一想起就会心痛，但你不必一直想着它们。当一切顺利的时候，你会收获很多美好的时光。但那些你真正在乎的东西，迟早会给你带来痛苦。

这就是阴和阳的辩证关系。你不可能只拥有“阳”的一面而完全拒绝“阴”的一面。最黑暗的时刻总会有些许的光明，而你生命中最美好的时刻总会有一点点的痛苦。这就是人生该有的样子。

法则 020：受伤总是值得的。

需要打破的法则 021

你可以改变别人

令人震惊的是，有那么多人相信自己可以改变别人，也许这是因为他们真的想这么做。找一个具备 95% 的理想特质的人做你的伴侣，然后试着把最后的 5% 调整到合适的位置，这是非常诱人的。如果对方再坚强一点，或少一点轻浮，或更宽容一点，或少一点挥霍，或多一点冒险，那不是很完美吗？

现在反过来看。假设你遇到了一个人，他认为你几乎是完美的，但他还想继续打造你，把你变成他理想中的完美伴侣。他们希望你更坚强一点，或少一点轻浮，或更宽容一点……你对此有何感想？你觉得你有可能改变自己吗？

不管你怎么看，试图改变某人就是在变相地提醒他有问题。作为伴侣或朋友，这会削弱对方的信心，让他 / 她感到自己被批评和攻击了。而且这样做也显得你控制欲很强。

所有这些都可以解释为什么试图改变别人总会事与愿违。更重要的是，它不起作用。无论我们多么努力，我们中的大多数人都无法改变自己的基本本性。当然，我们可以改变我们的外在行为。如果你有充分的理由，并且善意地要求亲近的人调整他们的行为，这通常是合理的。但你要求对方改变性格则完全是另一回事。

听着，我不是在说教。我不是在指挥你应该做什么或不应该做什么。我只想表达：无论对错，这都不会提供给你想要的结果。我看到有人尝试过，丢弃自信和自尊来试图成为不一样的人。但我从未见过一段成功的关系或友谊是建立在改变彼此的基础上的。我所见过的每一段真正成功的关系都是基于两个人互相接受对方的本来面目，包容那 5% 的差异，因为另外 95% 的特质更值得拥有。

如果你找到了一个具备 95% 的理想特质的伴侣，那你已经很幸运了。只要剩下的 5% 不是把雏鸟的翅膀扯下来这类癖好，而是一种合理的特质，并且碰巧不在你的个人清单上，那么，95% 已经是一个很高的数值了。如果有人需要改变，那个人也只能是你。你需要改变你对那 5% 的特质的要求，这样才不会破坏现有的一切。如果你能做到这一点，将会拥有一段美好的感情；如果你无法做到这一点，那么，这恰好表明你期望对方改变是多么不现实。

别忘了，你和他的理想伴侣也有 5% 的差距，如果想要成功，他也必须改变自己对那 5% 的要求。这还不够吗？难道你还要求他也改变自己的性格吗？

法则 021：不要试图改变别人。

需要打破的法则

022

英雄只观前路，不问出身

我在布里克斯顿的郊区长大，而这一地区在伦敦是出了名的脏乱。每当有人问我住在哪里时，我的母亲都会对我发出嘘声："说你是达维奇区的人。"（布里克斯顿区"钦点"的好邻居）这种态度并不罕见，因为许多人羞于承认自己的出身。许多人努力掩饰自己的地方口音或改掉方言，所有这些都是为了确保没有人知道他们是在哪里长大的。

当然，你也可以做得更过分。我年轻时候的一位好朋友来自曼彻斯特的贫民区。她是家里第一个在学校待到 18 岁的人，然后在市中心找到了一份薪水不错的好工作。她的一些家庭成员明确表示，她和她所有的新朋友出去闲逛，就是对她工人阶级根基的背叛。她真的不为自己的背景感到羞耻，也不想隐瞒。她只是想出人头地。

你的出身是你的一部分。你可以选择一辈子待在你的故乡，或者你可以选择四处走动，最后去一个完全不同的地方。这两种选择都很好。但如果你试图隐藏你的出身，就等于你在否定自己的一部分。这迟早会让你不开心。你会后悔你曾经的羞愧感，或者你会生活在害怕被人揭穿身份的恐惧中。

如果你的背景很卑微，当你在逆境中成功（当然是你所说的成功）时，这更能说明你的成就。你为什么要隐瞒？我们都知道偏见是存在的，但任何浅薄到用你无法控制的东西（你出生的地方）来评判你的人，都不值得你花时间或给以尊重（尽管作为破茧法则玩家，你要一直保持文明）。这就像根据你的肤色来评判你一样顽固和偏见。

在有些地方，承认自己的特权比承认自己的贫穷背景更令人尴尬。但它仍然是你的一部分，为你出生的好运气感到羞耻是愚蠢的。这表明你鄙视那些觊觎你的优势的人。这是一种居高临下的态度，但你本应该保持不动声色。不，如果你感到羞耻，你就得想想原因。如果你觉得这样的优势是不公平的（我不妄加评论，因为我不知道你的特权到底有多少），那就做点什么来平衡一下。体验一下另一半的生活，尽你所能在世界范围内更公平地分享你的优势（财富、教育、支持你的家庭），无论是在你自己的小领域还是在更广泛的方面，比如工作、慈善，只要你觉得合适就行。不要让势利小人怂恿你为自己的幸运出身感到羞耻。

请高兴地站起来，宣布你的出身。记住你的出身教会你的知识、赋予你的机会，记住你为充分利用你的出身而培养的力量，并引以为傲，因为它就是你的一部分。

法则022：无论出身如何，你都要引以为傲。

需要打破的法则 023

朋友是一辈子的

我们每个人都能和 150 个左右的朋友维持一段关系。这就是邓巴数字定律——以发现该规律的科学家的名字命名。实际上，这不是一个确切的数字，可能在 100~230，但这无关紧要。关键是这个数字是有限的。我们在这里谈论的是真正的朋友。你可以和他们建立有意义的关系，也可以和他们互动。我们说的不是在 Twitter 或 Facebook 上的粉丝数量，也不是你在街上与之擦肩而过时点头之交的人数。

在你的一生中，你会不断遇到新的人。有些你更喜欢。他们中的一些人成为你的朋友。在下一份工作、假期或社交活动之后，你可能会添加新朋友，如此类推下去。很快，你就会发现你已经有了 150 个好友。那么，当你添加更多好友时会发生什么呢？

我来告诉你会发生什么。排在最后的人就会从好友列表中悄悄消失。这不是你有意为之。你参加完派对回家后不会想："我真的很喜欢我遇到的那个家伙。我们交换了电话号码，我想跟他保持联系。嗯，我应该把谁从我的朋友列表中删除以腾出空间呢？”不，你甚至没有注意到这种事的发生。但你经常会琢磨你有一段时间没见到某人了，或者你真的必须给某人打个电话了。

这是很自然的事情。你不必为此感到内疚。是的，如果你还没有给你最好的朋友打电话，而他正在经历一段可怕的时光，你可能应该抓紧时间给他打电话。但是如果你还没有和以前一起工作的朋友们联系，他们也没有和你联系，也许你们相聚的时光已经一去不复返了。这没关系。

人们在彼此的生活中进进出出，事情就是这样。每个人的活动范围越广，友谊群体就会变得越不固定。在传统社区，你的村庄可能有 150 人，你可能永远不会搬走。但是在现代社会，这种情况越来越少了，你会和一些朋友失去联系。你会确保你和那些对你来说非常重要的人保持联系，有时他们会在分开多年后神奇地回到你的生活中。有时候你会完全失去一些人的踪迹，或者你通过别人知道他们的消息，但真正的友谊却消失了。

这听起来很悲伤，但原因是新认识的人对你来说变得越来越重要，他们会给你所需的支持、乐趣和陪伴。同样的事情也发生在那些悄悄从你的好友名单中消失的人身上。所以，没关系。事实上，这是一件好事。总有新朋友在前方等着你。所以，努力留住你真正想要的朋友，但当其他人渐行渐远时，你也不要感到难过。

法则 023：朋友来来去去，如花开花落。

需要打破的法则 024

犯错无益

早在 20 世纪 20 年代，许多医学人员都在研究流感。我的曾祖父就是其中之一。和许多人一样，他对自己使用的培养皿不断被一种霉菌污染而感到沮丧，这种霉菌会破坏培养皿周围的细菌。他很生气，因为他不能让培养物正常发育。他把培养皿扔了，然后重新开始。这种情况经常发生，像许多其他医生一样，他不得不扔掉这些有缺陷的培养物。然而，一位名叫亚历山大·弗莱明（Alexander Fleming）的科学家意识到，一种能够消灭细菌的霉菌实际上并不是一个令人沮丧的错误，而是一个有价值的发现。他放弃了最初的研究，转而开始研究这种霉菌。他称这种霉菌产生的能够消灭细菌的物质为盘尼西林，即青霉素。

这就解释了为什么弗莱明在世界各地的历史书上都有记载，但我的曾祖父却没有被提及。弗莱明对待错误的态度是从错误中学到一些东西，而我的曾祖父忙于责备自己搞砸了事情，而没有看到他眼皮底下的新事物。

关于这一原则，还有很多更普遍的例子。此外，我从来没有真正理解过定期给汽车加满汽油的必要性，直到一个寒冷潮湿的夜晚（深夜3点）我用完汽油。这个例子听起来有些轻率，但它表明我们在各个层面都会犯错，所以我们要不断学习。如果你看到一个蹒跚学步的孩子试图把两块乐高积木搭在一起，你会发现他们只有在拼错几次之后才能拼好。

想要更多的例子吗？我的第二次婚姻之所以稳固，部分原因是我从第一次婚姻中吸取了教训。我有一个朋友，他在学校里搞砸了一切，毕业时没有获得任何资格证书。正是因为他找不到自己想要的工作，也找不到自己能做的工作，才促使他回到大学，加倍努力地学习，以求取得好成绩。倘若他在学校努力学习，然后顺利去上大学，在大学里并没有这样的动力和动机，他可能永远不会做得这么好。有些人可能不这样，但对他来说，他早期犯的错误成为他努力的动机。有时候，犯错是我们学习的唯一途径，只要我们认识到自己错在哪里，错误可以把我们带到我们从未发现过的伟大地方。

对于错误，重要的不是避免它们，而是确保你能从中吸取教训。刻意回避风险是一个坏主意，因为如果你从不冒险，那你成功的机会也很少。正如有人曾经说过的："一个从不犯错的人永远不会尝试新事物。"[⊖]你犯的错误越多，只要你能从中吸取教训，你的生活就越有趣。这样一定很棒。

法则024：犯错亦可有益。

⊖ 这句话经常被误认为是爱因斯坦说的，但不管是谁说的，都是真理。

需要打破的法则 025

跟所有人交朋友

你和我都是正派的好人。我们是破茧法则玩家，不是吗？因此，我们应该善待每一个人，应该喜欢我们遇到的每一个人。事实上，这有些道理，但也不尽然。当然要善待每个人，但我们不必喜欢每个人。

如果我们遵守这条法则，我们可能会喜欢大多数人。我们将是敞开心扉的、友好的，我们将尽自己最大的努力去读懂别人，我们将是乐于助人的、魅力四射的、善良的、合作的和体贴的。这会激发出人们最好的一面，所以，我们可以看到我们遇到的几乎每个人最可爱的一面。

但总有例外。我认识一个人，他自称只讨厌三个人。据我所知，这是真的。她是一个守规矩的人，但我觉得她不喜欢的人不止三个。然而，有些人的性格特征真的会让你不高兴，或者你们的相遇很糟糕。你正在和对方的前任约会，或者你开始了一份新工作，却发现你的新下属就是那个跟你竞争职位失败的人，并且他因此恨你。我想他不会向你展示他最好的一面。有时他的行为方式会让你无法喜欢他。

就我个人而言，我发现，我在生活中很少有讨厌的人，但也有一些。我不喜欢某些人，但没有说出来。你喜不喜欢一个人是一种感觉，你无法控制自己的感觉。所以，只要你已经给了别人最好的机会，就不必非得喜欢他们。

但你怎么对待他们，那是另一回事。作为一名破茧法则玩家，你应该将隐藏自己的厌恶情绪作为自己的任务。无论个人感受如何，你都要保持文明、礼貌和体贴。毕竟，如果你不这么做，只会让事情变得更糟，而破茧法则玩家总是占据道德制高点。确保你做得很到位，不给他们谴责你的借口。

偶尔会有那么一段时间，你觉得你不得不出于原则表达强烈的反对意见。也许你在对抗一个伤害另一个人的人。在这些情况下（希望这种情况很少），你可以自由地说出你对他的行为的确切感受，但不要表达出你不喜欢他。这有什么用呢？这不仅是不必要的，而且会让你的行为看起来像是针对个人的，从而削弱了话语的权威性。保持客观的态度吧！

然而，这种情况应该很少发生。其余的时间，你可以装作喜欢每个人。这是最文明的行为方式，还会让你感觉人们越发可爱，渐渐地你也会越发喜欢他们。

法则 025：你不必喜欢每一个人。

需要打破的法则
026

每个人都会成为你的朋友

正如我们在上一条法则中看到的，总会有人不喜欢你。谁知道为什么呢？也许你有一些习惯不会激怒大多数人，却会让他们烦心。也许是因为他们嫉妒你，或者他们对你有一些误解，抑或是你和他们的关系不利于彼此喜欢。比如，你凌驾于他们之上的某些权威地位让他们反感，或者他们不喜欢你的兄弟、叔叔或朋友，并以同样的方式对待你。

希望被人喜欢是一种常见的心态，这可以帮助你交朋友。很明显，如果你想成为受欢迎的人，那就最好不要不搭理别人。然而，许多希望被人喜欢的人发现自己很难应付被人讨厌的滋味，哪怕是被我们自己也讨厌的人讨厌。这是不符合逻辑的。嗯，我认同情绪是没有逻辑的，也不应该符合逻辑，但我想说明这是一个多么不切实际的立场。一旦你意识到某些情绪有多么愚蠢，你可能会发现，克服情绪的难度会变小。

想想看，如果你不喜欢某人，又何必在意他们怎么看你呢？

你为什么要在意他人的看法？在某些情况下，被你不尊重的人讨厌甚至是一种恭维。事实是，如果你在人际关系和友谊中感到快乐和舒适，如果你满足于按法则行事，如果你对自己的行为方式不感到后悔、尴尬或羞耻，你就不会让别人对你的评价影响你的自我评价。换句话说，如果你对自己有信心，就能对别人的讨厌不屑一顾，并告诉自己："他们就是这样。这与我无关。"

有时候，你希望被某人喜欢，因为你非常尊重他。作为一名破茧法则玩家，你不会经常招人讨厌，尤其不会招那些你钦佩的人讨厌。如果你不够自信，更有可能的情况是，你会认为人们不喜欢你，但实际上他们并不讨厌你。所以，自信也是克服这一点的关键。

随着时间的推移，遵循这些法则会给你带来信心。这不是一蹴而就的心路历程。当你意识到自己过得很好，在别人的帮助下做到最好时，你会感到更舒服。和正确的人交往（比如，那些你尊敬的人、那些帮助你成长的人），并消除过去任何阻碍你的自我形象的心魔，你最终会达到这样一个境界：如果有一些与你关系不大的人不是特别喜欢你，那对你来说也无关紧要。这有什么可伤感的呢？

法则 026：不是每个人都会喜欢你。

需要打破的法则

027

不喜欢也要忍一忍

你有多少次听到人们说对自己的工作、大学课程、人际关系、房子、汽车或其他什么都不满意，但他们却无法摆脱？很可能你自己也抱怨过。这种态度的问题在于，它会让你成为受害者。你无法控制你的环境，只能忍受命运抛给你的一切。

听着，如果你采取这种态度，那么你会感到痛苦、焦虑和困顿也就不足为奇了。谁不会呢？如果你真的没有办法让自己从这种痛苦中解脱出来，那是非常令人沮丧的。但这种可能性极低。

你确定没有别的选择了吗？这种情况非常罕见，除非你在监狱里或陷入了贫困陷阱，至少在西方社会这是相对不寻常的。在这种情况下，你可能不会阅读这本书了。事实上，几乎总是有其他选择的。

你可以辞职、换专业、改善关系（或结束关系）、搬家、换车。如果你感觉被困住了，我建议你仔细考虑一下你的选择。

我有个朋友，她的女儿 16 岁就去了一所新学校。几个月后，小女孩真的很不开心，觉得自己被困在了一个她并不喜欢的专业上，因为她想在课程结束时获得资格证书。这所学校的教学很好，但她不能很好地融入学校的社交环境，也没有结交到任何亲密的朋友。所以她决定去附近镇上的一所大学看看。她查看了去那里的交通，并询问了有哪些可选课程，以及她将如何换专业。

她发现改变专业是可能的，只是走流程需要很长时间，除此之外一切正常。但她越想越觉得她原来的学校也挺好。教学很好，学校很近，这很重要，总之，她只是不想冒险去改变。她决定留在原来的地方求学。她专注于学校以外的现有友谊，并将她的课堂视为一个工作场所，而不是社交场所。

所以，她最终还是做了和以前一模一样的事情，但现在她很高兴这样做。为什么？因为她选择留在那里，而不是感觉被困住了。她正在掌控自己的生活，而留在原地是一个积极的决定。

这就是为什么你应该考虑所有的选择。你可能会回到你开始的地方，但如果你不再扮演受害者，而是学会自我控制，并积极地寻找其他的选择，你会发现你已经准备好欣赏你所拥有的了。或者，当然，你可能最终会改变你的生活。这也很好。只是不要抱怨你没有选择，哀叹你被困住了，因为这几乎是不可能的。

法则 027：记住，你可以选择是忍还是改变。

需要打破的法则 028

避开生活琐事

有时候，生活似乎充满了小烦恼和挫折，但实际上这些都不重要。洗衣服，完成报告，检查车里的油，买更多的面包（因为现有的面包会在每周购物之前吃完），给妈妈打电话，重新安排约会，支付账单，完成一篇文章，寄信。其中很多还涉及其他人。比如，你必须不停地给某人发信息，直到他回复；除非你和老板谈过，否则你不能重新安排约会；在你完成论文之前，你需要和你的导师谈一谈。

如果所有这些小事都不再碍事，你就能真正找到时间好好生活，那不是很棒吗？如果你把花在这些无关紧要的行为和互动上的时间加起来，就会有更多的时间享受生活。

你可能会这么想，但你错了。虽然看起来很奇怪，但所有这些微小的行为和关注实际上构成了生活的细节。就像一幅点彩画，如果从足够远的距离看，所有小点构成了一幅大图。若把它们去掉，实际上就没有美丽的图画了。我的一个失去了丈夫的好朋友告诉我，在她的丈夫去世后的一段时间里，她真的很讨厌日常琐事和生活必需品。几个星期以来，她对这些事情不理不睬，因为她可以破罐子破摔，现在没有人对她有任何期待了。可一旦这些日常琐事逐渐淡出她的视线，她却突然发现，没有什么可以取代它们。她意识到，事实上，这并不是一种消极的挫折，而是一种积极的东西，需要她去接受。事实证明，事物之间的思维空间比事物本身更重要。

这并不是说没有什么大事情，但大多数事情都是由小事组成的。你可能把一生都奉献给了慈善事业，但是，当救济包裹没有准时到达，或者你不得不赶在下次会议前出去买牛奶，抑或是你必须记得喂猫时，你仍然会感到沮丧。假设你有一种享乐主义的观点，认为人生就是一个漫长的假期，那么，依然会有时间表、潮汐图、食物等着你去分类和清理，还会有没衣服穿和钥匙丢了的糟糕事等着你去补救。

这就是真正的生活。我是认真的。请好好享受吧！

法则028：点点滴滴的小事就是生活的全部。

需要打破的法则 029

有梦想就要去坚持

年轻时，我曾希望住在船上。我喜欢船。有一年夏天，我在苏格兰的拖网渔船上工作，我的梦想是拥有一艘自己的船。我要狂野、自由，像海盗一样冒险。

这些年来，我拥有过很多艘船。它们都不够大，不能居住，但足够我在有空时偶尔享受一下旅行。划艇、橡皮艇、玻璃纤维汽艇、舷外艇、独木舟和小型摩托艇。我向自己保证，总有一天，我要买一艘大到可以居住的船。这种想法多次掠过我的脑海，但不知何故，从来没有真正实现。

问题是，我结了婚，有了孩子。我找了几份工作，没有多少时间去做以船为家所涉及的所有事情。我在家里工作需要电、暖气和一个邮寄地址。很多年之后，我最终接受了这个事实，实际上，我可能真的不再想住在船上了。我仍然喜欢这个想法，但这是不可能实现的，至少在很长一段时间内不会。

一开始，这似乎很令人伤心，那是因为我还在慢慢接受现实。

我现在意识到我不想生活在船上了。如果我想的话，早就这么做了。我只是梦想着能住在船上就很开心了。我有一个已经成年的儿子，他就在船上生活，我知道这需要付出多少劳动和艰辛。他喜欢船，但在内心深处，我有一种隐隐约约的感觉，那就是我可能不像我想象的那么喜欢船。我无法想象和三个青少年被困在一个小小浮岛上的情景，这些天我已经不再假装喜欢寒冷潮湿的天气了，我不希望连出去买一份报纸都要等潮汐，也不希望为了上岸在漆黑的夜晚冒雨钻进补给船。

我曾经觉得我背叛了自己的梦想。我觉得我应该去划船，因为那是我多年前就说过要去做的事。但我们的优先事项发生了变化，我们需要允许自己去适应新情况，而不是为此感到难过。梦想是伟大的，我现在仍然有很多梦想，但那个特别的梦想现在更多的是幻想，而不是真正的渴望。

你可能下定决心要在事业上出人头地，然后某天醒来，突然发现其实你的家庭更重要。或者，你决定为某项慈善事业付出努力，但几年后却发现你觉得需要退后一步，这样你就可以把更多的时间投入到其他事情上了。这很好。没有人能在 20 岁的时候知道自己 60 岁会做什么，也没有人能在自己 50 岁的时候知道自己 60 岁会做什么。我们在变，世界在变，我们周围的人也在变。所以，无论你处于人生的哪个阶段，都要追求你的目标，但也要为目标的转变做好准备。

法则 029：我们的优先事项在逐年改变。

需要打破的法则 030

人人都有知情权

没有什么比把有趣的消息传递给朋友更有趣的了。有时这样做可以帮助每个人。你可以让那些没有意识到彼此有共同点的人走到一起，或者你可以通过向合适的人解释其处境来帮助他。当然，不是所有的小道消息都是有益的，但也不一定是恶意的。破茧法则玩家从不沉溺于恶意的八卦。毕竟，还有那么多善意的小道消息，你何必为恶？

除了善恶之分，还有更多的分类，不是吗？有些消息需要你闭口不谈，但在这种情况下，你不知道这有多伤人。有些消息并没有特别要求你不要谈论，但也许你并不想把消息传递出去。有些消息是你间接听到的，或者是你偶然发现的。

有些人有很大的秘密；有些人的秘密看起来并不大。事实上，你会觉得有些秘密根本不算是秘密。有时候，别人眼中的秘密在你眼中并非秘密。事实上，是不是秘密，谁能说了算？

我来告诉你，这要追究这是关于谁的秘密，也就是这个秘密的当事人。他们可以选择这个秘密有多大，为什么这个秘密对他们重要，这与旁人无关。你只需要遵守一条法则，那就是闭嘴。如果你对分享信息的人有丝毫的怀疑，那就保持沉默。

如果他们没有亲自告诉你呢？你只要保持安静。假设他们并没有说这是一个秘密呢？你只要保持缄默。假如这是公开的秘密呢？你只要保持沉默。如果你根本不喜欢他们呢？这跟那没有关系，你自己知道就行了。但是，这不重要吗？这可能对他们很重要，所以请你闭嘴。没有"如果""但是""假设""假如"。秘密就是秘密，如果它不是你的秘密，那就不是你可以泄露的。

有些人非常在意一些你不知道为什么要保密的事情。然而，你的观点是无关紧要的。他们可能是对的，也可能是错的，但无论如何，你的观点都与之无关。你是值得信赖的，只有那些从不传小道消息的人才值得信赖。谁想要一个自作主张传递你的秘密的朋友呢？

我希望我已经阐明了我的观点，但我还要补充一点。保守秘密的方法就是不让任何人知道你有秘密。一旦你开始说"我略知一二，但我不应该告诉你……"，你就已经辜负了告诉你秘密的人的信任。

法则030：知道如何保守秘密。

需要打破的法则 031

直面你的恐惧

大多数人的头脑里都住着一群“小恶魔”。有些人的心中甚至藏着一整支恶魔大军。它们埋伏在那里等着伏击你，然后对你喋喋不休地谈论一些不好的、可怕的或悲伤的事情。它们让你担心和恐慌。恐惧和恐慌就是它们赖以生存的东西。为了生存，它们必须让你感觉糟糕。

你试着堵上耳朵，但是不管用，因为恶魔住在你的脑子里。你叫它们走开，但这只会让它们更欢快地滔滔不绝。你没有可以用来对付它们的武器。

只有一个例外。只有一件事能让它们逃回角落，躲进最黑暗、最深的坑里，那就是积极快乐的想法。恶魔打不过快乐的想法。

当然，当你在一群恶魔面前捍卫自己的理智时，唤起快乐的想法和幻象并不是容易的事。所以你要全副武装，时刻准备着。如果你的头脑里住着一群小恶魔，那就想出可以抚慰你的事情去击退它们。大多数人都会创造快乐的通道，比如，设计一个梦想中的房子，回忆一个美好的时刻，计划一个想象中的约会。我不在乎你创造了什么，只要它对你有用就好。有时候，只要让你的大脑活跃起来，起到分心的作用，就足够了。只是这件事需要占据你一定程度的注意力，比如试着从 500 开始倒数三次。这样可以确保小恶魔不会在你不注意的时候悄悄溜进来。

你的小恶魔可能会在可预见的时间出来攻击。比如，深夜两点，当你劳累过度的时候，在你去看望你母亲之前……所以，这些时间你要准备好调用积极的幻象。你可以随心所欲地改变快乐的想法或分心的事情，只要你至少有一个想法可以调用。不要放弃，直到下一次行动准备就绪。

你越有效地击退恶魔的攻击，就越能削弱恶魔的力量。当然。它们没那么聪明。它们出来是因为它们总是在一天中的那个时间出来，或者在你的心理地形看上去艰难崎岖的时候出来。如果你能阻止它们，它们可能不会改变攻击策略，也不会在其他时间悄悄接近你。但如果它们来了，你也得准备好迎战。

最终，如果你能强迫自己不向它们屈服，用快乐的想法迎战，它们就会消失，离你而去。有些人需要专业的帮助来增强他们的防御能力，这是可以的；有些人从未完全摆脱过小恶魔，但他们将恶魔的攻击降低到一个可控的水平；有些人设法永远地把小恶魔抛在脑后。

法则 031：用快乐的想法取代糟糕的念头。

需要打破的法则 032

每年制订一个新年计划

我抽了很多年的烟，也几度尝试戒烟。我曾经坚持了八个月，但最终还是没逃过诱惑。每次戒烟的时候，我都会计划好，决定什么时候抽最后一根烟（不止一次是在新年前夜）。在戒烟前我会细细品味最后一根烟的每一口滋味。几天之内，甚至几个小时之内，我又会重蹈覆辙，无法让自己永远停下来。

2002 年的一个晚上，当我坐在电视机前抽烟时，一个节目的播出彻底改变了我的态度。香烟抽了一半，我突然决定不再抽烟。[⊖] 我只抽了一半，就把那香烟掐灭了，从那以后再也没有抽过。当然，我也曾被诱惑过，但我的抗拒从未失败过。

事实是，那是我第一次真的想戒烟。我不只是觉得我“应该”这么做，我真的很想这么做。我意识到，实际上，无论是吸烟、减肥、多运动，还是其他任何事情，重要的是找到一个足够强大的动力来执行这个决心。你不能只是希望这样做，你需要真正想

⊖ 不，我不会告诉你那是什么节目。没关系，这是我的动机，不是你的动机。

去做，否则你迟早会重蹈覆辙。

这种动机可能因人而异。有些人可以看着自己的至亲死于与吸烟有关的疾病，但仍然不放弃吸烟。你不能借鉴现成的动机，你必须找到自己的动机。我的一个兄弟戒烟，是因为他要坐 24 小时的飞机去澳大利亚。他知道，如果他是个吸烟者，就永远也应付不了烟瘾。所以，他在上飞机前必须戒烟。

我怀疑那个让我戒烟的电视节目也会激励其他人（瞧你们这好奇劲儿，我就透露一下吧，那是一档关于寄生虫的节目），但事实就是这样：动机是一件非常私人的事情。关键是，一旦你找到了自己的动力，无论何时，你都会想要采取行动。然而，如果你在没有动力的情况下试图实现你觉得“应该”实现的目标（无论是在新年或其他任何时候），那迟早会以失败告终。

记住这一点，下次，当你抱怨自己不能停止咬指甲或总是做不到守时的时候，想一想是不是你想要改变的决心不够坚定。

法则 032：除非你想要改变的决心足够坚定，否则你无法改变习惯。

需要打破的法则 033

尊重老年人

我清楚地记得，当我还是个孩子的时候，有人告诉我要“尊重老年人”。老实说，我不明白为什么，只是因为如果我不这样做，我很可能会被人用皮带抽耳朵。在我看来，老年人似乎是与社会脱节的，而且在很多情况下是脾气暴躁的、故步自封的。

回想起来，我认为很多问题都出在“老年人”的概念上。这种概念把所有大龄人士都“捆绑”在一起。哦，从我幼稚的角度来看，老年人应该是40岁左右的人。一群满头白发、满嘴谎言、牢骚满腹的人，都在喋喋不休地说他们那个时代的生活不是这样的。

当然，我没有把我的祖父母包括在内。我私下了解他们，他们不是那样的人。他们与我对老年人的刻板印象之间有一些共同的小特征，但他们更加真实。总之有趣多了。

现在，我很遗憾地说，我自己也在慢慢变老。但除了白发，我完全没有意识到这种刻板印象也体现在我自己身上，或者在我的任何朋友身上，或者在我遇到的同时代人身上。事实上，我遇到的人越多，我就越意识到，没有人符合我对老年人的刻板印象——至少在我了解他们之后是这样。

我现在明白，“尊重老年人”的训诫是完全错误的。因为尽管这句话貌似在道德上是正义的，但实际上它表明所有老年人都是完全一样的。

事实上，我们应该尊重每一个人，除非他们给我们一个不值得尊重的理由。这包括老年人、年轻人或介于两者之间的人，或者来自任何背景的人。一旦你深入挖掘，每个人都是有趣和独特的。在你有机会深入了解之前，请礼貌对待每个人。

是的，的确，有些老年人与社会脱节了。一些年轻人也是如此。与此同时，许多老年人对新技术的掌握令人羡慕，不惧前路黑暗，还能在 Facebook 上找到出路。㊀他们中的一些人不喜欢改变，即使他们还是少年时，也不喜欢改变。而另一些人则喜欢变化，还有许多人介于这两个极端之间。有些老年人经历了很多，但什么也没学到；而另一些老年人则善用时间，做得极其明智。也许他们一直都很聪明，甚至年轻的时候也英明能干。

如果 20 年后还有人尊重我，我不希望他们这样做，因为我头发花白且整天都在胡扯八道。我希望他们尊重我是因为我就是我。

法则 033：尊重每一个人。

㊀ 我知道，Facebook 上从来就不黑暗。

需要打破的法则

034

为自己打算

在某种程度上，我并不提倡打破“为自己打算”的法则。但我并不按照一般的意思来加以诠释。通常的暗示是，你应该专注于自己的需求，而不是别人的需要。事实上，就像镜子里的世界一样，我发现，如果你真的想感觉良好，就需要把自己的愿望暂且搁置一边。

我的一个孩子让我明白了这条法则。大约在他 12 岁那年的一个晚上，他放学回家，说他今天过得很开心。他曾帮助一位遇到各种问题的朋友，也曾倾听另一位想要发泄内心挫折感的朋友。然后，他注意到办公室的一个工作人员在费力地搬东西，所以他就插手帮忙了。他告诉我，今天是个阳光灿烂的日子，用他的话来说，是因为“我喜欢帮助别人，这让我自我感觉良好”。

我恍然大悟，意识到他已经把我多年来没能表达清楚的东西简明扼要地表达出来了。不知怎么的，他的措辞如此简单，以至于一切都顺理成章。我早就注意到，总是帮助别人的人似乎是最有满足感的。我的《相爱：遇见更好的自己》一书的最后一条法则是“其他人都在原地”。然而，我的儿子已经发现帮助他人的举措对自我形象的影响。

这条法则对幸福人生的重要性怎么强调也不为过。帮助别人的壮举确实会给你一个强大而积极的自我形象，这反过来又会帮你建立信心。这能让你不去想自己的问题，也意味着你更喜欢自己。这是我所知道的最接近心理万能药的良方了。

无论你是把精力放在自己的家人身上，还是放在你从未见过的远方的人身上，似乎都无关紧要。你可以把你的一生奉献给慈善事业，也可以花时间照顾你的孩子。

你可以每周帮邻居购物，每周花一天时间参加当地的慈善活动，成为一名全职医生，或者只是留意每天提供帮助的机会。很明显，你需要始终如一地获得那种良好的感觉。如果你每周为慈善机构奉献六天，然后在回家途中的大街上踢到了一位老太太，这是不好的。你需要始终把帮助别人放在第一位。

然而，这并不意味着你不应该有自己的时间。你不需要没日没夜地出去找需要帮助的人。别担心，你仍然可以在晚上悠闲地看电视。你可以去度假，也可以在晚上邀朋友一起出去狂欢。你不必改变你的生活（除非你想）。它是一种展望，一种态度，一种默认设置。只要你觉得有需要，就伸出援手，甚至舍己为人，你会意外地发现，该法则里的“自己”貌似颇为满足于一声“谢谢你”。

法则 034：帮助别人，你会感觉良好。

需要打破的法则 035

如果你处于风口浪尖，请保持低调

世界上总有一些人想要霸凌你。我不知道他们为什么这么做。他们总有理由，但没有一个能构成一个体面的借口。但霸凌事件确实发生了。他们让你失望，让你难堪，侵蚀你的自尊，欺负你。有些人把你挑出来单独欺负，有些人几乎对每个人都这样。这种事在学校里通常是最糟糕的。但随着别人的成熟和你自己的适应能力的提高，以及生活的继续，霸凌事件会减少。不过，在人生的任何阶段，你都会时不时地遭遇霸凌。

问题是，你将如何应对霸凌？你会渐渐相信他们对你的评价，让你的自信和自尊慢慢消失，直到你觉得自己毫无价值吗？这是经常发生的事情，因此我们也可以理解这些人会产生这种影响的原因。但这不是你想要的结果。你想要防止他们损害你的自我形象，也想让他们的奚落和欺凌从你身上消失。

我希望我能给你几条法则，可以立即治愈所有霸凌。那不是很好吗？当然，事情没那么简单。然而，我可以传授一些经常对其他人有用的技巧。如果你非常强壮，相当自信，而恶霸不是你生活中的主导力量，这些技巧可能会自行发挥作用。此外，如果你真的陷入困境，这些技巧当然也会有所帮助，但这需要更长的时间，你可能需要额外的外部帮助。比如，有很多好书可以阅读，也有很多专家顾问可以咨询。

无论你是在学校还是在养老院被欺负，你需要知道：问题在他们，而不在你。无论对方的行为如何，他们都没有任何借口去刁难别人，霸凌从来都是不对的、不合理的或不可原谅的。对你来说，问题是试着让自己脱离情感的枷锁，拒绝让霸凌者影响到你。我明白，知易行难。

有一件事帮助了我的几个熟人，那就是在遇到麻烦的时候对自己重复一句简单的话：除非你躺下，否则他们不能从你身上踩过去。因此，如果你拒绝接受霸凌（无论是公开地站起来对抗他们，还是私下在你的脑海里诅咒他们），就要保护好自己。对付恶霸有很多技巧，但在你开始采取具体策略之前，拒绝霸凌是一种很好的个人防御措施。如果你一直这样对自己说，你就会觉得自己没有对他们“放行”，你有一个看不见的力场把他们所有的冷嘲热讽都弹了回去。他们知不知道自己输了都无所谓，重要的是你知道你没有输。

法则035：除非你躺下，否则他们不能从你身上踩过去。

需要打破的法则 036

无视霸凌者就好

听着，我不是专家，我也不打算让自己成为专家。如果你对被欺负有很大的困扰，那就试着给自己找一个真正领会霸凌者话语的人。我能做的就是把我观察到的对某个人有用的一些技巧和策略传授给你。但是，不要让任何不是专家的人（包括我）告诉你应该怎么做。有些技巧对某些人非常有效，而对另一些人则不然。如果你觉得舒服，可以试试这些方法；如果你觉得不舒服，就不要试了。

我的第一个建议是，不要理会那些告诉你无视霸凌的人。这样做有时候有用，但更多时候没用。最重要的是，你理会意味着这是你的错，如果你以正确的方式回应，一切都会停止，所以你只能怪自己。错，错，错！主动权不在你手上。你根本不应该以任何方式处理这个问题。

然而，如果可以的话，你可能想要去理会，所以我提几点我的想法。如果可以的话，你可以和权威人士（经理、老师或其他什么人）谈谈，因为他们可以为你进行干预。许多人认为他们的老板帮不了他们，但随后惊讶地发现后者是可以帮上忙的。这几乎不可能让事情变得更糟，所以你又能失去什么呢？

我认识一个十几岁的少女，她说她最喜欢用赞同的方式让那些欺负她的人感到难堪。对此，她最喜欢说的一句话是："你说的不无道理。"她并不是真的说霸凌者是对的，但听起来好像是在赞同。我的那位少女朋友建议被霸凌者应该积极地赞同霸凌者的观点，而不是听起来很顺从、很压抑。她还说，重要的是，被霸凌者不能真的说服自己接受霸凌者的观点。所以，要么不要真的听他们的话，要么交叉手指或以某种方式告诉自己："你说谎了，连你自己都不相信你对他们说的话。"㊀

还有一个策略，就是问他们一个直接的问题，最好是在他们不想丢脸的人面前提问。你要冷静、理智、果断，站在道德制高点，不要指责他们任何事情，只是陈述事实。所以，你可以在会议上问你的同事："我去年超额完成了工作目标，你为什么总是说我在工作上很差劲？"如果他们一笑置之或不回答问题，你就不要放过他们，并准备好继续验证你的陈述。如果他们否认说过这些话，你可以说："周一我们坐在你的办公桌前讨论新的软件系统时，你说……"重复这个问题，直到你得到满意的答案为止。如果你让他们对欺负你的结果感到不舒服，他们就更容易停止霸凌行为。

我相信你们还记得法则 34，讲述的是如何帮助别人以提升自己的自尊。这是一种对抗恶霸的好方法。找一个机会让那些珍视你的人刮目相看，这将使恶霸更难影响到你。

法则 036：拒绝霸凌者的霸凌。

㊀ 是的，我提倡说谎，但只是出于自卫。

需要打破的法则 037

随机应变

在某些情况下，随机应变可以很好地发挥作用。当然，有时候我们别无选择。有些人比其他人的应变能力更强。但在棘手的情况下，提前计划好要说什么或如何去做是更聪明的做法。

这适用于霸凌。举个例子，上两条法则一直在讲这个话题。如果你知道某个同学、同事或“朋友”可能会取笑你的体重、背景、笔迹、销售记录、发型，或者其他任何东西，那就提前决定好你要怎么反驳。反驳的内容并不重要（只要在合理范围内就好）。关键是你在提前策划剧情，这样你就能控制局面。这要比成为受害者让人感觉更积极。

再举个例子。如果你很害羞，就很容易对社交感到焦虑。你应该握手吗？也许应亲吻脸颊？亲吻一个脸颊，还是两个脸颊都亲一下？如果你开始握手，对方却想亲吻你的脸颊，怎么办？你不知道对方要做什么，所以等着看会发生什么，这是相当伤脑筋的事。但是，等一下，事情不一定要变成那样。你为什么不提前写好剧本呢？这样你就可以控制要发生的事情了。事先决定是伸出手，还是紧紧抓住对方的肩膀以亲吻对方的脸颊，或者其他什么。如果有必要，询问一下合适的建议。但如果你不确定会发生什么，很可能是因为两种选项都是可以接受的。如果有疑问，请选择更正式的选项。

无论你是第一次想约某人出去、要惩戒团队中的某个队员、准备向老板要求加薪，还是向导师要求延长你的任务完成时间，请提前决定好你要如何处理，不管发生什么，你都会更自信，因为一切都在你的掌控之中。

很明显，这些例子都是可以从不同的方向展开对话的。但你必须提前了解可能发生的大致情况，这样你才能制订应急计划：如果对方说“不”，你就这么说；如果对方说“是”，你应那么说。

提前计划的真正价值不在于知道该亲脸颊还是握手，不在于如何应对霸凌者，也不在于当你提出约会要求时如何承受对方的拒绝，而在于你从掌控一切的感觉中获得的自信。

法则 037：提前计划才能掌控一切。

需要打破的法则 038

你要做什么比你为什么要做更重要

你可以在大多数时候欺骗大多数人。事实上，你可以一直愚弄一些人。但有一个人你绝对不能愚弄，那就是你自己。这个道理听起来理所当然，但做起来比你想象的要更难。

有时候，我们假装做某事只有一个原因，而我们真正的动机是不同的。可能是我们对自己真正的目标感到羞愧或尴尬。也许我们表面上想要进球，这样球队才能赢球，但私下里我们只是想要比自己球队里的某个对手进更多的球。听起来不太厚道，是吧？所以，我们坚持“一切为了团队利益”的说法。

或者，我们决定留在某个工作岗位上，是因为我们喜欢那里的社交圈。但我们想让别人觉得我们更有野心，所以我们假装这是因为晋升前景很好，或者这份工作更有保障。也许我们自己也开始相信这个借口了。

当我 16 岁的时候，我决定在年底前离开学校去找一份工作。我觉得开始工作很重要，是时候给家里带来一些收入了。我的妈妈感到十分震惊。事实上，我退学只是因为我听说学校准备开除我。但我觉得她没必要知道这些。

有些事情很重要，有些则不重要。有时真相与我们所讲述的故事非常接近，有时却相去甚远。我们对别人不诚实，可能挺麻烦，也可能无关紧要，这是其他法则要讲的内容。但你永远也不要说服自己去相信那些虚构的东西。

无论虚构的故事多么接近真相，你都不要信。

不管你的真实动机是多么尴尬、羞耻、卑微或下流，你必须对自己残忍。在内心深处，你必须说："我在跟谁开玩笑呢？我只是想胜过某人……"或者"嗯，这就是我想做这件事的部分原因。但实际上真正的原因是……"

为什么一定要这么做？因为如果你不这样做，就会迷失自我。你必须了解真实的自己，你的动机比任何事情都更能揭示这一点。一旦你开始欺骗自己，你就无法判断自己的行为，无法监控自己是否按照自己的意愿行事，从而失去了道德指南针。我不是在说你的动机是对还是错，也不在乎你是否遵守法则。你可以有最好的动机，你的行为可以成为典范，但这并不能改变你会迷失方向的事实，除非你在内心某处承认这个事实，哪怕只是对你自己坦白。

法则 038：诚实地面对自己。

需要打破的法则 039

以貌取人

你能想象，如果你以不同的方式成长，你会有多么不同吗？假设你的父母比实际穷得多或者富裕得多，你会有什么不同呢？假设你上的是一所完全不同的学校，你会有什么不同呢？也许你周围的人都有非常不同的价值观和信仰，你会怎样呢？假如你小时候遭受了一次可怕的丧亲之痛，你会有什么不同呢？假如你在成长过程中有严重的残疾，你会有什么不同呢？假如你有很多兄弟姐妹，也许一个也没有，你会有什么不同呢？假如你住在战区，或者离家很远，你会有什么不同呢？假如你每隔几个月就搬一次家，或者住在养老院，你会有什么不同呢？

这些事情塑造了我们，而我们对此无能为力。一旦我们长大成人，我们可以选择过上体面的生活，并遵守法则，但我们仍然会受到人生经历的深刻影响。

这不仅适用于你和我。我们遇到的每个人，一起工作的人、成为朋友的人、在街上擦肩而过的人，都是如此。刚刚为你端上咖啡的咖啡师、你老板的丈夫、车库修理工、你孩子学校的老师、你隔壁的邻居，他们都走过了一条独一无二的道路，才抵达了现在的位置。他们每个人的过去都有一些不好的地方，我希望也有很多美好的地方。事实上，有些人拥有一些小小的、美好的、珍贵的东西。

人们在我们的生活中进进出出，相聚常常是短暂的，我们很容易被蒙蔽，觉得他们只有在与我们相遇时才存在。对我们来说，这在某种意义上是正确的。但对他们来说，我们的存在只是短暂一瞬。事实上，每个人都有一个完全原创的个人故事，故事里的所有章节加在一起就塑造了这个人。如果我们不知道整个故事，我们怎么判断一个人呢？也许他们之所以是现在的样子，是因为他们过去遭受了一些巨大的创伤，或是深深的悲伤，或是一种失落感，抑或是一种永远无法满足的挫败感。

所以，下次有人让你生气、激怒你，或者给你留下软弱、傲慢、愚蠢、自负、自私、过度竞争、压抑或咄咄逼人的印象时，请记住，你不知道他们是怎么走到这一步的，也许他们经历了你无法想象的事情。

是的，我们都要为自己的行为负责。某些行为（对他人产生负面影响的行为）是没有借口的，对某些人来说，这是一个挺严重的问题，但我们无法知道每个人的故事细节。也许他们没有理由自私、轻率、无情、狭隘、咄咄逼人，或者他们不知道自己是怎么表现出来的或不明白这些是不好的事情，或者他们已经尽了最大的努力去改变，但成功的机会却很渺茫。

作为破茧法则玩家，这意味着我们需要停下来思考，并变得更加宽容。与其去评判一个打破法则的人，不如原谅一个不值得打破法则的人。

法则 039：每个人都有一个背景故事。

需要打破的法则 040

把过去抛在脑后吧

你可能经历过人生中一些艰难的时期，甚至是一些可怕的时光。

很多人会告诉你，一旦你长大了，你就需要把过去的事情（或者至少是不好的部分）放进一个盒子里，然后盖上盖子，收纳起来。过去是无法改变的，现在你需要继续度过你的余生。这些人并不是没有同情心，他们只是想帮助你。他们认为，如果你沉湎于过去，就会阻碍你前进。因此，他们建议采取老式的“咬紧牙关、保持定力”的严肃态度。

这行不通。

你可以把过去的事情收纳在盒子里——有些人会觉得这很难，而另一些人又觉得很容易。是的，你也可以盖上盖子，封存记忆。然而，你不能做的是：放下盒子，然后走开。事情不是这样的。你也不能把盒子送人，因为这是你的盒子，只属于你一个人。你要做的就是永远随身携带盒子。即使在美好的一天，盒子也很重。有时候，盒子里的东西会安静地躺着；有时候，盒子里的东西会

“砰砰”撞击盖子，让你夜不能寐。

当然，我们的童年有很多不好的回忆。我们可以将它们收进盒子里。它们很轻，可能不再打扰我们。但真正重要的事情，那些塑造现在的你的事情，是不能被你拒之门外的，因为无论好坏，它们是你的一部分。

如果你的过去一直占据你的心房，你就得花心思去处理。你迟早要接受这个事实。你可以等几年，或者现在就做。你可能会取得一些进展，然后休息一下，再回去继续处理。你可以自己处理，也可以和朋友、心理治疗师、咨询师一起处理，或者通过冥想来处理。你有很多选择。不过，归根结底，你要认识到，不管这些事情有多糟糕，它们造就了今天的你，所以，你至少要对它们点头表示同意。

一旦你这样做了，显然你不能把它们抛在身后，因为，正如我们所说的，它们是你的一部分。但你可以把它们放在盒子里，它们不会那么重。你甚至可以偶尔把它们从盒子里拿出来看一会儿，这也没问题。然后，你就可以继续度过你的余生了。

法则 040：处理掉眼前的烂事，生活才能继续。

需要打破的法则

041

我该怎么办

有些人会从自己的角度看世界，这是理所当然的。奇怪的是，并非所有人都这样做。当你还是个孩子的时候，你感觉你周围的大多数人在大部分时间里都在关注着你。但是，当你长大后，你必须认识到这不是真的。否则，你会变得自私和以自我为中心，不会给身边的人带去欢乐。

当你两岁的时候，饿了可以大喊大叫，有人会给你做吃的。当你 20 岁的时候，大喊大叫是行不通的。嗯，你已经猜到了这样做的后果。此外，我们很容易想当然地认为整个世界都在关注着我们，而事实上，没有人在关注我们。

有一天，我在学校门口听到一个孩子（大概十二三岁）向他的妈妈抱怨说："但是，为什么斯通先生决定不让我进足球队呢？"请考虑一下这个问题。假设这个孩子叫约翰尼。他如此问，仿佛他的体育老师斯通先生是决定约翰尼命运的人，是他将约翰尼排除在球队之外的。事实上，斯通先生是这么想的吗？我很怀疑。

更有可能的是，他考虑了今年最好的 11 名球员是谁，而约翰尼的名字不在球员名单上。虽然约翰尼的世界围绕着自己转，但斯通的世界却不是这样的。

这是人们很容易落入的陷阱。在我们成长的过程中，我们的父母把我们放在他们世界的中心。但我们要认识到，其他人可能根本没有把我们放在心上，这是正确且正常的状态。毕竟，我们不能每次做决定都能考虑到每个受到影响的人。假设你安排在晚上 8 点和一群朋友见面。如果你们几个人中有一个人不能参加，你并不会把聚会取消，你只是无法满足每个人，无法参与的那个人也只是不幸错过了这次机会。同样，如果你是那个无法参加的人，也并不是因为所有人都联合起来对付你，只是不是每个时机都适合所有人。遇到这种情况时，努力去克服吧。

所以，如果有人忘记了你是素食主义者，或者你错过了升职，或者你爸爸没有问你病好了没有，或者别人引起了大家的关注而你没有，或者房东给你下了退房通知，不要感到委屈或被冒犯。接受这个世界就是这样运转的吧。每个人的脑子里都有一大堆其他的事情，他们认为你会像别人一样以成年人的方式回应。

听起来我可能有点生气，因为那些期望世界围着他们转的成年人是很烦人的。但我之所以告诉你这些，是因为一旦你意识到这些与你无关，那就意味着没有人试图冒犯你、不尊重你或轻视你。这样你就更容易做出公平的回应。

法则 041：别人的眼里不全是你。

需要打破的法则
042

仅此一次，无伤大雅

我还记得自己第一次吸烟时的情景。那时我 6 岁。我妈妈以前经常让我们这些孩子从厨房的煤气灶里给她点烟。[㊀]顺利点燃香烟的唯一方法就是自己先吸一口。我 8 岁的时候就开始偷妈妈的香烟了。10 岁时，我向她“借钱”买了自己的香烟。在我意识到吸烟有害健康之前很多年，吸烟的习惯就悄悄降临在我身上，我花了几十年时间才戒掉这个习惯。多年前我就不该开始吸烟，戒烟太难了。

你很容易就会告诉自己，你不会养成喝酒、不好好吃饭的习惯，不会把上班的时间缩减得太短，也不会在睡前喝一杯白兰地（我戒烟时爱上了酗酒，真是跳出了油锅却掉进了火坑）。但是，改掉坏习惯的最佳时间就是你永远也不要开始。如果你不能戒掉第一杯饮料、甜甜圈或其他什么，你就再也不会这么轻松了。

㊀ 是的，我知道这听起来很荒谬。但那是 20 世纪 50 年代，人们并不知道吸烟的危害。至少我妈妈不知道。

听着，我告诉你这些是因为我吸取了教训，而不是因为我是一个善良的好人。即使坏习惯发生在自己身上也不会察觉。这些年来，我陷入了很多糟糕的境地，但最终我从大多数困境中爬了出来。每次我都希望自己从没开始过。

不过，随着时间的流逝，我已经好多了。诀窍是在潜在的习惯完全形成之前就识别出来。这样你就可以采取避免行动。例如，你在加油站给汽车加油并付钱时，很有可能经不住诱惑，购买了一块巧克力或一包薯片。很明显，这是一种流行的习惯，否则加油站的收银台旁也不会摆放装满这种食品的货架。在我小的时候，加油站的服务员给你加满油，而你不必再下车。他们不卖零食。但自从需要顾客走进商店付钱的自助加油站出现后，我从一开始就意识到，如果我买了零食，我将多么后悔。我可能认为我可以做到“下不为例”，但实际上我更有可能沦陷其中。我现在完全养成了付完油钱迅速离开的习惯，以免受巧克力棒的诱惑。我知道，只要我屈服一次，这个习惯就会很快改变。

再说说“迟到”，这也是一个很容易养成的坏习惯。一旦你发现人们对你迟到 5 分钟很宽容，你就很容易不再努力守时了。在你意识到这一点之前，你让人们等了 10~15 分钟。这是彻头彻尾的不公平和不尊重。如果你意识到，下次肯定不会再这么做了。你知道改掉这个坏习惯有多难吗？所以，接受我的建议，永远不要有第一次。

法则 042：不要让坏习惯来敲门。

需要打破的法则 043

过去的已翻篇，别多想

让我告诉大家一个故事，一个人在读完《人生：活出生命的意义》后联系了我。他通过我的出版商给我寄了一封私人信件，不让别人读到他写给我的话。显然，他在机场的书店里发现了《人生：活出生命的意义》，并决定买下这本书。但是队伍排得很长，所以他一时冲动决定不付钱就走了。他以前从未做过这样的事，也说不清是什么原因促使他违规。

他内疚了一会儿，然后就不去想这事儿了。然而，在飞机上，他开始读这本书，遇到了一些让他感到非常内疚的人生法则。从法则 3 开始，他的罪恶感开始增长，到了法则 33，他变得极其苦恼。他意识到，他对自己很失望，他真的搞砸了。

他本可以保持沉默，把这事当成教训，但他觉得就这么不管是不对的。所以，他决定尽他所能来弥补。他给我写了一封道歉信，解释了他的所作所为。我不得不承认，我觉得这封信非常有趣，因为他选择这本特殊的书“携书而逃”。他还寄给我一张 50

英镑的钞票，作为偷书的补偿。[⊖]他又买了三本送给朋友。他甚至向他的妻子坦白了，尽管他知道她会因为他做这样的事而狠狠地责骂他。

他还从中总结出了自己的人生法则，并好心地传授给我，现在我把它传递给大家。当时他深知他的做法是错误的。他的良心和内心都在告诉他这一点。那时有一个小小的声音试图警告他，但他不听。所以他的原则是，你应该始终倾听那个小小的声音，因为如果你不听，你会后悔的。

他还确保自己在承认错误时会尽一切努力纠正错误。如果你在犯错之前没有倾听那个声音，那么最好的办法就是事后倾听，并尽可能地弥补。而且，正如这位特别的读者所表明的，倾听永远不会太晚。这是一份姗姗来迟的诚实，让他获得了有用的教训，也给了我一条可以与他人分享的伟大法则。他向慈善机构捐赠了50英镑，还买了三本书，给我写了一封信，这是我读过的最有趣的一封信。

法则043：听听你内心的小小的声音。

⊖ 我把这50英镑捐给了慈善机构，因为这比我平时一本书赚的钱要多得多，而且我不想承接他的内疚感。

需要打破的法则 044

一步一个脚印

如果你想写一本书，那可能会前路茫茫，并且过程令人望而生畏。所以，最好的方法是把写作过程分成“小块”来处理。一次写一章（或者像我一样，一次写一个法则）。俗话说，“吃掉大象的方法是一次吃一口”。这也适用于写报告或论文，还适用于汽车翻新或房屋翻修。对于大多数实际项目来说，“一次一点点”，即循序渐进，是一种有效的方法。

然而，如果你想对你的生活做出重大改变，这并不是正确的方式。当然，你可以通过调整较小的不满来做出适度的改进，但对于大事情，你不能畏首畏尾、小打小闹。你必须做出巨大的改变。

例如，假设你对自己的体重不满意。如果你想减掉几磅（1磅=0.45千克），你可以调整你的饮食来减少一些热量，你应该很容易实现你的目标。但如果你想减掉更多重量并保持下去，你就得彻底重新考虑你的长期饮食。简单地拒绝各种小零食是不够的。你需要少吃面包和土豆，多吃水果和蔬菜，并坚决远离快餐店。你的购物习惯必须改变，你要像某个苗条佳人一样控制你家冰箱里的美食。你不仅仅要在减肥的过程中节食，还要永远保持下去——如果你想保持你的目标体重。

假设你不喜欢你的工作，你可以申请调职，或者跳槽到另一家公司。但如果你意识到你对自己的职业不满意，怎么办？也许你已经意识到你不想再做会计了。你现在意识到你的目标是成为一名修树工。如果你真的想在这方面取得成功，就需要适应一种新的工作模式、一种截然不同的工资水平、一种新的饮食（你不会支持一个活跃的、喜欢户外的修树工享用一个久坐不动的办公室职员的饮食），很可能还需要一种新的社交生活。除非你全心全意地接受和欢迎这些变化，否则就不会成功变换职业。

我的一个老朋友在伦敦做办公室工作。她对自己的生活总不满意，觉得自己一事无成。她一直想住在农村，而不是城市，但一直没有找到机会。所以，她自己创造了机会。她递交了辞呈，在一个小村庄里找了一间小屋，开始了自己的事业。现在有些人可能会认为，一次性改变这么多会显得很鲁莽。但她的成功在很大程度上是因为她把过去的一切都抛到九霄云外，重新开始新的生活。

我的另一个朋友发现，他的每一段恋情都维持不了几年。最终，在又一次失败之后，他意识到自己每次都把工作放在了爱情之前。因此，他换了一份与旧工作相关但压力较小的工作，并预约了一些咨询课程。他很快就遇到了一个可爱的女人，这次他彻底变换角度对待自己的生活。他把感情放在第一位，真的很用心。

这感觉很不一样，但最终成了习惯，几年来，他们一直幸福地生活在一起。

我知道，有人移居国外，结束一段感情，改变职业，薪水也大幅度降低。我观察到，只要这些重大变化是经过深思熟虑的，就会收获不错的效果，这远胜于不做任何改变就试图实现重大变化的空想。

法则 044：如果你想改变大事，就得进行重大变革。

需要打破的法则 045

你最爱的人会与你共度一生

真希望这条法则能变成现实。你最爱的人会与你共度一生——但这可能是他们的人生，而不是你的人生。事实是，人终归一死。我们中的一些人在孩童时期就知道这一残酷事实，而我们中的许多人直到长大后才学会了大胆面对。也许当我们还小的时候，就失去了某个祖父母，因为他们寿终正寝。但迟早，我们会失去真正亲密的人——父母、兄弟姐妹、最好的朋友，甚至我们自己的孩子。

我告诉你这些，是因为如果你自己还没有发现，这将是一个可怕的打击。尽管你在心理上已经知道，但现实比你想象的还要糟糕。这种情况会持续发生，贯穿你的一生。这种事情有间歇期，也有频发期——会有那么几年，你会觉得周围的人都在死去，而这一切都不是可以轻易熬过的。你可能会对死亡的大意习以为常，但生命本身是宝贵的，永别总会令人悲伤，即便经历过很多次，每一次的悲痛也不会减少。

是别人的死亡让我们意识到了自己也有离去的那一天。你很难相信自己会死，尤其是在你还年轻的时候。当你身边的人死去时，你会意识到，有一天也会轮到你。

但有一件事可以让这一切变得正常。是的，真的，没问题。因为新人出现了，他们取代了已经离开的人。我不是说前者取代了后者的位置，但前者在我们心中占据了同样大小的空间。因此，在我们的一生中，我们应该为新人留出至少和已经离开的人一样多的空间。直到我有了自己的孩子，我才真正明白这一点。然后，我意识到，如果生活停滞不前，我的祖父母、父母和老朋友可能还活着，但我将失去太多机会，这样似乎也不值得。

当然，有些人的死亡是不可接受的，尤其是那些英年早逝的人，或者那些影响到年幼孩子的早逝的人。但是，如果人们死亡意味着新生命的诞生，那么这个原则是值得保留的。你不必非得有自己的孩子才能理解其中的意义，别人的孩子也可以给你的生活带来巨大的快乐，而且你也不必亲自操劳那么多。

我的祖母有一首最喜欢的诗，奥格登·纳什（Ogden Nash）的《中间》（*The Middle*）。显然，我无权直接引用它（别问为什么），但你可以在网上查一下。只有四行字的篇幅。这首小诗表达的意思是，在一个你爱过的人从未死去的世界里，你将爱的人也不会出生。我们能为自己做得最好的事情就是接受这种变迁。

法则 045：人们生生死死、来来去去，
没什么大不了。

需要打破的法则 046

趁年轻，好好享受吧

这是一个你在任何情况下都不必打破的法则。每个人，无论什么年龄，都应该在不伤害他人的情况下尽可能地享受。然而，我在这里提到它是因为我想强调，这是有限制条件的，尤其是身体条件。

当你年轻的时候，你可以对你的身体施加很多——喝酒、熬夜、冒险。你可能会侥幸逃脱一段时间。我 16 岁的时候从摩托车上摔了下来，把膝盖摔坏了。受伤的膝盖很快就痊愈了，真是超乎我的期待，因为我当时才 16 岁——虽然再也没有恢复原样。但是，当我 40 多岁的时候，受过伤的膝盖开始给我带来严重的困扰。当你 16 岁的时候，很难去关心你 40 岁的时候会发生什么，这太遥远了。但是，当你 40 岁的时候，膝盖疼痛，你会可怕地意识到你要忍受多久。

十几岁的时候，我的身体经历了很多让我后悔的事情。事实上，我当时对其中的一些做法感到后悔，但其他人都在这么做，我当时没有意识到要遵循自己的判断。所以，我不会伪善到告诉别人他们不应该这么做。你可以做你喜欢做的事。我只是想让你知道，也许有一天你会希望自己当时能少做一点那些事情。或者在某些情况下我希望你根本不去做。

我不是在教训你该做什么。但总有一天，你会后悔自己年轻时经历了一些狂野时刻。所以，要明智地展望未来，看看你现在的行为是否会带来长期的后果。当你年轻的时候，你以为你会长生不老，认为做人就要及时行乐，等等。但是，万事终有果，如果你现在忽略这一点，当那一天到来时，你可能会后悔。

看看职业足球运动员的退役情况，或者说，三十出头的时候就要退出国际体育运动。这是因为即使他们进行了所有的健身训练和锻炼，一旦过了 30 岁，他们也无法从身体中获得更多的能量。人的身体根本就不是专门为了体育而生的。

你要尽一切办法调用和锻炼你的身体，如果它能承受的话，也给它一点惩罚。但要避免过度，也不要忽视一些微小的绞痛和疾病。

我根本不建议你回避一切乐趣。如果你这样做，长寿也是没有意义的。但是，如果你想享受人生的后半段或后三分之二就像享受人生的第一个阶段一样，那就好好照顾你的身体。这听起来可能很无聊，但相信我，一旦你到了中年，就不会觉得我的话无聊了。

法则 046：身体陪伴你一辈子。

需要打破的法则 047

只要你能还上，借钱没问题

这条法则是“钱的事，以后再说”的具体体现。但这句话会让你付出昂贵的代价。的确，如果你急需钱，总能找到钱。问题是，你越是急需钱，付出的代价就越大。贷款（来自银行、风险资本家、高利贷者、信用卡或其他任何人）的全部意义在于，贷方通过借钱给你来赚你的钱，因为你要支付利息。这意味着你最终需要归还更多的钱。如果你现在没有钱，你如何偿还比你借到的更多的钱呢？你越是急需钱，就越难找到一个合法的贷方，就越有可能所托非人，从而付出更多的代价。所以，不要这么做。

如果你买不起任何东西，比如汽车、家具、衣服，那就不要去消费，直到你能负担得起。相信我，短期的利益抵不上不断加重的债务痛苦。债务总是螺旋式上升，因为利息在增长，你必须借更多的钱来偿还原来的债务，你需要另一笔贷款，因为你越来越难以支付你的日常开支。这种可怕的感觉一次比一次糟。你会后悔买了那辆车或去度假了，或者举办了一场如此奢华的婚礼。

当然，并不是每个贷款的人最终都被关进了债务人的“监狱”。但是，即使你成功地偿还了债务，也是十分耗钱的。当所有的钱都还清时，你拥有的钱比你当初没有借钱的时候要少。所以，贷款是毫无意义的。

不管情况有多艰难，除非你真的吃不饱或没有栖身之所，否则不要贷款。

说到你的栖身之所，可以在抵押贷款上破例一次。如果你不用抵押贷款就能买得起房子，那就去买吧。但我们中没有多少人处于这种境地。在这种情况下，你还不如每月把生活费付给抵押贷款公司，最后得到一套房子，而不是把钱付给房东，最后一无所获。记住，不要申请超出你承受能力的抵押贷款。

你可能会向家人或朋友借钱。好吧，也许你可以。但如果事情出了问题（即使事情没有出问题），你可能会发现自己牺牲了友谊和家庭关系。这种做法不可取。无论你多么确信事情不会出错，你都永远不能完全保证。假如你出了事故不能工作，怎么办呢？即使在最好的情况下，也会形成一种你不想要的不平等关系。当你欠你的姐妹、父亲或最好的伙伴 500 英镑甚至 5000 英镑之多时，你怎么能正视他们的眼睛呢？更不用说你还没有按时偿还了。当你陷入困境时，他们会在情感上支持你，而不是在经济上帮你摆脱困境。他们不可能两者兼顾。

如果你足够幸运，父母会时不时给你钱（尤其是在你人生的起步阶段），那就不一样了。如果没有附带条件，并且真心实意，那很好。但不要接受任何需要偿还的贷款。

法则 047：能不贷款就不贷款。

需要打破的法则
048

慷慨解囊

你可以慷慨地奉献你的时间、技能、爱，甚至有时候可以借点小钱给别人，但无论如何，绝不要出手太阔绰。借钱和友谊不能混为一谈。这是双向的。如果你借给你的家人或朋友很多钱，他们没有偿还，这会对你们的关系有什么影响？我知道有些人抛弃朋友，有多远躲多远，因为他们为自己无法偿还债务而感到羞愧。你想失去金钱和朋友吗？这种事如果发生在我身上，涉及我的家人，我会更介意。你哥哥答应夏天还你钱，但到现在还没还，你们怎么一起在父母家过圣诞节？

当然，朋友和家人不会只停留在金钱上。哦，不。他们想借你的车、笔记本电脑，想在你度假时住在你的房子里。假设他们弄坏了车、笔记本电脑，或者把房子弄得一团糟，你怎么办呢？你完全可以相信他们不是故意这样做的，但意外总会发生。如果他们付不起修理损坏或更换笔记本电脑的费用怎么办？不管怎么说，即使他们可以修理或更换损坏的东西，那也不一定是你想要的。比如，电脑里的文件已经丢失，或者你祖母留给你的花瓶已成碎片。

那么，你能做些什么呢？只是告诉他们滚出去吗？那也不太友好。如果他们要求的是一件大事，你拒绝是完全合理的，他们会理解的。但如果这是一笔相对较小的借款（对你来说），或使用一些对你来说不那么珍贵的东西，你可能会答应。但是，怎样才能避免这段关系受损的风险呢？

这里有一个简单且严峻的考验。如果迫不得已，你准备拿钱打水漂吗？友谊的价值不止于此吗？如果是这样，你可以继续借给他们钱（或笔记本电脑等东西），并告诉自己就当是送给他们的礼物。如果他们说这是“管你借的”，那就看他们有没有归还的自觉性了。如果你最终把钱拿回来，那将是一笔不错的奖金。但你要提醒自己不要抱太大希望，这样，如果出现意外，你们的关系就不会受到损害。

如果你选择拒绝借钱给好朋友和家人，他们也会理解。你可以解释说，如果发生了任何阻止他们偿还的事情，你觉得这会破坏你们的关系，你太看重他们了。如果他们不能理解这一点，仍然给你压力，你可能要问问自己，如果他们不尊重你，拿你当冤大头，他们到底算不算你的亲人或好友。

我无法告诉你这种方法有多好。自从多年前一位挚友传授给我这条法则以来，借钱给朋友的事情变得简单多了。我一交出钱，就不会再多想了。这感觉很好，因为除非我负担得起，否则我不会这么做。另外，收回我完全忘记的借款真是太开心了。

法则048：除非你做好一笔勾销的准备，否则不要借钱给别人。

需要打破的法则 049

相信你是最棒的

在之前的工作中，我曾与一些小企业合作过。我见证了许多企业的蓬勃发展，也不可避免地目睹了许多企业的失败。通常你可以很好地预测谁会成功、谁不会成功。[㊀]我发现了一种非常准确的“失败指标”，就是那些失败的公司总是贬低竞争对手。他们傲慢地认为自己会赢，因此，当他们的竞争对手抢走了所有的客户时，他们总是措手不及。

受这种态度影响的不仅仅是企业。有些人认为他们是最好的，但其实并不是。无论你确信自己在工作上多么出色，或者是多棒的父母或多牛的尖子生，或者是多么优秀的运动员，这都是一种危险的态度。

人们要保持乐观并建立自尊，但不能以牺牲诚实为代价。你

㊀ 我知道，这不是一本关于商业的书，但我必须讲个题外话，告诉大家我从一个小企业主那里听到的最夸张的话：“问题是，我们生产大件家具，但人们似乎只想买小件家具。我们能做什么？”这就是“我们注定要失败”的借口。

必须对自己诚实，承认自己有多好。任何在工作中真正出色的人都会一直在寻找更好的方法，这是工作出色的要求之一，因此他们会接受自己并不完美的事实。给自己打 10 分（满分）总是很危险的。就连尤塞恩·博尔特（Usain Bolt）也一直在努力把自己的跑步时间缩短几毫秒。所以我猜他给自己的评分在 10 分以下。他给我的印象是一点也不缺乏自信或态度消极，他只是很现实。他是最棒的，但他对自己可以变得更好的可能性持开放态度。

事实是，一旦你相信自己是最棒的，你就会变得自满。你不再寻找变得更好的方法。你也许会问："既然已经是第一名了，为什么还要继续加油呢？"但是，为了提高，你需要清楚地了解你所处的位置，并对你想要达到的位置有一个清晰的愿景。只有这样，你才能制订一个切实可行的计划，让自己从这里起步，努力抵达成功的彼岸。如果你认为自己现在已经成功了，那你就没有提升的机会了。

所以，你可以放大自己的优势。告诉自己你有多好，给自己加分，表扬自己，再给自己发一个金星奖章以奖励自己。只是不要轻易地相信你自己的炒作，以至于忽视了真相，因为那是一条注定要失败的道路。

法则 049：真正了解自己的价值。

需要打破的法则 050

不许别人让你难过

难道你不讨厌别人对你颐指气使、对你抱怨或在情感上勒索你吗？事实上，很多人甚至会做一些让你心烦意乱的小事。他们嘟嘟囔囔，或者不关门，或者不停地跺脚，或者在你试图集中注意力的时候全程哼哼还跑调，或者总是在谈话中途走出房间……

“对不起。我现在回来了。[㊀]我说到哪儿了？”是的，这些人让你感到沮丧、恼怒、焦虑、抑郁、紧张。你真不该让他们这么做。为什么不跟他们说句话，让他们改变自己的行为，或者如果有必要的话，改变他们的性格呢？

我来告诉你为什么。因为这行不通，这就是原因。偶尔，你可能会巧妙地说服你的伴侣或妈妈在你最喜欢的电视节目播放期间不要打电话，或者不要摔车门，但大多数情况下，你不会得到你想要的。你只会制造怨恨和争吵。坦率地说，如果你认识的每

㊀ 显然，我必须承认这是我的坏习惯之一。

个人都要求你改变这个或那个小习惯或小特征，你能诚实地说你会无怨无悔地努力适应他们的所有要求吗？

所以，这不是你能控制的。不过，等一下，有一件事还在你的掌控之中。是的，你自己的反应。你可能无法阻止你朋友的小习惯，或者确实无法阻止陌生人踩你的脚趾，或者禁止别人让你久等或不认真听你说话。但是，这些事情会不会影响你甚至让你崩溃完全在你的掌控之中。

这当然也适用于无生命的物体。当你的车没油了（显然，这绝不是你自己的错）、网络连接断了或下雨了但你没穿雨衣时，你仍然可以选择如何应对。

我知道，要在下雨和迟到的情况下愉快地做出反应，比在阳光明媚的海滩上放松更难。但说实话，如果你不能改变你的反应，就注定要让自己陷入沮丧和痛苦，那又有什么用呢？如果你想尽可能多地享受生活，就需要控制自己。这不仅意味着控制你的行为，还意味着控制你的反应。你可以受累但介意，也可以受累但不介意。你说了算。我知道我更喜欢哪一个。

法则 050：你唯一能控制的就是你自己。

需要打破的法则 051

有些人就是会惹到你

你一定认识某些人，他们总是让你生气、不安或沮丧。即使是那些让你感觉很好的人，偶尔也会让你感觉很糟糕。

下列都是非常常见的表达：“他让我很生气。”“她总是让我觉得自己不够好。”“他让我感到内疚。”这些话如此普遍，以至于几乎每个人都相信它。但并非所有人都是很容易受影响的受害者，我们只是不愿意成为别人游戏中的棋子。人们的行为方式可以使某种反应看起来更顺理成章，但你不必陷入最初的反应中。正如大家将看到的，这是对上一条法则的扩展和延伸。

如果你不想以一种特殊的方式去感受，那就不要去感受。我知道，这说起来容易做起来难，尤其是在多年来对某些事情形成习惯性反应之后。你的大脑为这种回应已经花了数年的时间来创建神经通路，但你现在将不得不重新训练它。当你的大脑让你内疚、生气或自觉不称职时，你要拒绝接受这些信息，并更坚定地告诉它，你很放松、冷静、自信。

假设你的伴侣对你大喊大叫，“惹”你生气。

先试着这样想：你的伴侣对你大喊大叫，你生气了。

然后进一步想：你的伴侣大喊大叫。你生气了。

再更进一步想：你的伴侣做了他该做的。你做了什么——生气。

好吧，如果你可以生气，那也可以做其他事情来代替生气。你宁愿做什么？冷静吗？好吧，那就冷静下来。为什么你的伴侣不管做什么都能激发你的情绪呢？我们已经确定你能控制自己的情绪。所以，你只要不断地告诉自己：“我选择冷静。”

这背后有一些神经科学原理可循，我就不赘述了，[一]反正也不重要。关键是你需要训练你的大脑，通过建立一个新的神经通路来忽略旧的神经通路。在这种情况下，你要不断地告诉自己你要冷静。如果有帮助的话，想象一下你冷静时的感觉，或者回忆一下你非常冷静时的感觉。用不了多久，你的大脑就会养成习惯，每当你的伴侣对你大喊大叫时，你就会遵循新的神经通路。

无论你遇到什么，只要告诉自己事情就是这样，或者那个人做了他该做的或说了他该说的，然后，选择你要选择的情绪，并表现出来。

法则 051：谁也不能激起你心中的千层浪。

[一] 因为我可能会把细节搞错。

需要打破的法则 052

情难自禁

这也是上一条法则的自然延续。就像我们刚才看到的，有些感觉在你的掌控之中。但除了别人“让”你感觉到什么（或者没有感觉到什么），这里还有一个更广泛的法则。

我们自言自语的次数比我们可能意识到的要多。这不是疯狂的表现，这就是人的本性。试着花几天时间倾听你内心的对话，客观地观察你说话的语气。

有些人内心会发出和解、宽容的声音：“没关系，你不可能包揽所有的事情。”“你可能没有时间给妈妈打电话，但你已经把今日清单上的其他事项都处理好了。”有些人的脑子里住着一个小小的监工：“你真的应该设法做到这一点。”“可怜的妈妈，这对她不公平。她会觉得被抛弃、被遗忘，这都是你的错。”

如果你把大部分时间都花在这样的谈话上（即使是你自言自语），很快就会感到失望、内疚、消极和自卑。所以，如果你发现自己在这样做，请停下来重塑你内心的声音，告诉自己你做得有多好（当然，不要太夸张），让自己放松一点。

再次重申，训练自己以积极的方式思考。当你捕捉到一个消极的想法即将形成的时候，在你表达出来之前，用你想要的积极想法来代替这个消极的念头。坚持这样做，你会发现，在几天之内，你的情绪就会好转。就像你在一次长途旅行中，把一个痛苦、悲观的同伴改造成一个积极、阳光的同伴一样。这几乎就是正在发生的事情。

我见过一些有严重心理障碍的人被这种方法拯救了过来。这是一项艰苦的工作，但不会持续太久。大多数情况下，这很快就会成为一种习惯，你几乎不必三番五次地调整你内心的声音。有时情感创伤会让你稍稍后退，但你有必要重新回到正轨。

我们内心的声音与我们的背景有很大关系。如果你是由挑剔的父母抚养长大的，那么你的内心声音可能比那些由充满爱和鼓励的父母抚养长大的人更挑剔或更消极。但好消息是，只要坚持不懈，无论你想如何转变，这个策略都会奏效。

法则 052：你感知的就是你想要的。

需要打破的法则 053

说得好不如做得好

我们会无意识地陷入一种与人相处的行为模式。有时，你会针对不同的人采取不同的行为模式（即使你们本质上是一样的）。经常变化的事情包括你的情感表露程度、你与他人分享的程度，以及你谈论（或不谈论）感受的程度。我想，这解释了为什么我们在对不同的人说他们对我们有多重要时，会产生这么大的差异。

在某种程度上，如果有人知道你爱他、关心他、重视他、欣赏他，那你可能认为你是否真的这么说并不重要。这只是文字而已，你所做的每一件事都表明他对你有多重要。

你知道吗？有些人对自己的评价很低，他们看不出别人对他们的赞赏，除非是你用文字写出来，拿到他们眼前；或者他们可以告诉你，你也许很在乎他们，但他们没有意识到有多在乎，他们知道你喜欢他们，但他们没有意识到你们的友谊对你有多重要。事实上，除非你大声地、清晰地表达出你有多重视他们，否则他们是不知道的。

更重要的是，有一个对你很重要的人表示他会回应你的感受，这种感觉真的很好。如果你在乎别人，为什么不给他们这种快乐呢？你的家人和朋友可能没有意识到你珍惜他们身上的哪些品质，所以，为什么不给他们举一面镜子，让他们看看是什么让他们如此特别呢？告诉他们：他们是很棒的倾听者；或者，你喜欢他们让你自嘲的能力；或者，当你需要同情的时候，没有人比他们更会安抚你。告诉他们，有一个真正理解你对音乐的热爱的朋友是件很棒的事，或者你永远不会忘记他们在你摔断胳膊的那个星期照顾你的情景。

听着，你不必太情绪化，只要找机会让别人知道他们对你有多重要，以及为什么重要。有时候，如果没人告诉我们，我们就不会意识到自己最好的品质是什么。如果我们最亲近的人都不愿意说这些话，谁会说呢？

你知道，有多少人在失去重要的人之后，多么希望在对方活着的时候向他们表达情感吗？我并不是说你要等到某人临终的时候才去表达。你只要让你最亲密的朋友和家人知道你有多欣赏、重视或爱他们，这样你就不后悔了。表达自己的情感又有什么损失呢？

法则053：学会真情告白，不要把别人的付出当成理所当然。

需要打破的法则 054

避免不必要的情感流露

这条法则很好地延续了上一条法则，现在我们的思路变得更具体了。

我先说一件有趣的事情。科学家们发现，通常那些真正列数自己幸福的人比那些混沌度日的人更快乐。适当地感激他人，对你和他人都有好处。

我再说一个密切相关的法则，即感谢别人会让你感觉更好。事实上，在这里我们套用了法则 34[㊀]的主旨（帮助别人，你会感觉良好），本条法则的主旨是：感谢别人，你会感觉良好。是的，尽管事实上没有人能让你感觉良好，但是，当我们感谢对方时，对方可以选择感觉良好。而且，正如法则 34 告诉我们的那样，帮助别人，你会自我感觉良好。所以，这一切就是一个积极向上的螺旋式良性循环。

当然，没有人想成为过度感谢的接受者。但（如果你是像

㊀ 编写法则 34 的时候，我就感觉很棒了。

我一样的英国人）有一个奇怪的习俗：出于社交礼貌，我们会说“谢谢”，比如，“请把盐递给我好吗？谢谢！”但是，当我们真正想说“谢谢”的时候，却不太能说出口。这有些本末倒置了。

那么，今天你能感谢谁呢？你的朋友，你的家人，你的兄弟姐妹，邮递员，商店柜台后面的女人，下雨天在斑马线前为你停车的那个人，或者那个和你打了 15 分钟电话且把你当成一个人而不是一个客服的人？加油！我相信有很多人值得你去感谢。

如果你真的想让这些人感觉良好（当然，你确实想），那就让他们确切地知道你感谢他们的原因。在工作电话结束时，如果有人能对你说声“谢谢”，这很好；但如果有人能对你说“你一直很有耐心，我很感激”，那就更好了。你说得越具体，你的话听起来就越真诚。所以，尽你所能让人们知道你感谢他们的原因（除了那个在斑马线前停车的人，你实际上没有和他说话）。

嗯，你想把“谢谢”的意思表达得更好吗？你可以偶尔写一封信，电子邮件也可以，发送给那些你有真正理由去感激的人。清楚地列出你如此感激他们的哪些贡献，以及为什么这些贡献对你产生了如此大的影响。也许他们给了你实际的帮助，也许是情感上的支持。也许你想感谢你的父母把你抚养成人，或者让一位老师知道他给你的生活带来了多大的改变。

你能想象一下，如果你收到这样一封信，你会有什么感觉吗？如果是这样，你就会意识到你在为收信人做什么。这是回报他人支持和善意的方式，多么可爱的感谢方式呀！而且，我可以告诉你（是的，根据我的经验），仅仅发送这样一封信或电子邮件，就会让你感觉很棒。甚至在你得到对方的回复之前，你就已经把自己感动了。

法则 054：大声说“谢谢”。

需要打破的法则 055

网络可以让你隐身

独自一人坐在卧室或后屋，抱着你的电脑（我觉得电脑有点像宠物），你很容易产生没人能看到你的想法。嗯，那是因为真的没人能看到你。你把电脑当面具一样使用。但与面具不同，或者至少与《史酷比》中的面具不同，你的电脑不会隐藏你的真实身份。你可能会觉得自己与社交网络平台或电子邮件是分离的，但阅读你的帖子或邮件的人会非常清楚这些文字或图片直接来自于你。

所以，你必须为你在网络上说的话和做的事负责。如果你不想当面说某件事，那么也不要在 Facebook 上说这件事。要考虑你发布的图片，或者你发送的电子邮件的语气。事实上，虽然对方独自阅读一些东西，但这并不会让他们更容易处理那些让他们不悦的事情。情况可能会更糟，因为他们身边没有人劝慰他们，你也无法通过肢体语言来表明你在开玩笑。

网络暴力有时被媒体称为网络霸凌——有时它的产生倒不是人们有意为之的。这可能是粗心大意的结果，是由于人们对阅读对象和解读方式考虑不周导致的；或者，这可能是由于帖子的措辞不当，听起来比本意更犀利导致的。无论你写什么，在发布或发送之前，都要在心里过滤一下。

我记得有一次读到一封措辞特别尖锐的电子邮件，发件人是一位我认为关系不错的商业伙伴。这让我觉得很不舒服，所以我让一位同事帮我读了一下。“看！”我说，“你觉得他今天为什么这么小气？你觉得是我的问题，还是因为他今天的心情不好？”我的同事从头到尾读了两遍，然后说：“我看不出这有什么问题。对我来说，这封信听起来非常友好。”然后她开始大声朗读，果然，加上她的抑扬顿挫，听起来还不错。“不，”我回应道，“不是这个意思。信上是这样写的……”我照着自己的方式念了一遍。完全一样的文字，却是完全不同的解读。假设他的意图是友好的，听起来是明智的。但这表明，在没有语调、音调变化、语气、面部表情和肢体语言的情况下，人们很难正确理解帖子、信息和电子邮件中的本意。比如：“你能尽快处理吗？”你认为这句话的弦外之音是尖锐的还是礼貌的？这取决于读者的心情和可能的语境。没有别的线索了。

在过去，这是通信的一个潜在问题。但是，人们对他们写的信进行了长时间的认真思考。使用电子邮件和互联网的一大乐趣就是，你可以很快地打出一两句话，然后在你想都没想之前就把它发送出去。但这也有潜在的缺点，就是容易让人误会。

说得明白些，法则就是法则。如果你在线下不会这么做或这么说，那在网上也不要这么做或这么说。如果你有疑问，就不要动不动地发帖子。

法则 055：上网也要遵守法则。

需要打破的法则

056

不断提升自己

你可以提升自己，但有些方面可能会让你白费力气。当然，在某些方面尽你所能做到最好，这符合你和其他人的利益。当涉及强烈的积极价值观时，尽你所能做到善良、体贴、可靠、公平、诚实、乐于助人、无私，当然是一个好主意。

但是，当涉及技能时，试图样样精通的想法是愚蠢的。没有人能做到这一点。我们也没有足够的时间做到这一点。我记得我的音乐老师在学校告诉我必须一直努力“提升自己”，还有我的体育老师、美术老师、戏剧老师，以及其他所有的老师。

事实是，在某件事上努力工作，感觉自己一直在进步，这对你的自信是非常有益的。意识到自己正在从一个不太优秀的足球运动员成长为一个真正优秀的球员，或者从一个体面的歌手发展成为一个优秀的歌手，是一种很棒的感觉。为了实现这个目标，付出一些血汗和泪水是值得的。

但并不是所有人都能成为出色的足球运动员或优秀的歌手。

就我个人而言，如果我五音不全，显然无法在歌唱方面获得好成绩，那我就看不出在音乐上追求“不断提升”有什么意义。我其实有一副好嗓子，但前提是你不介意你听的是什么音符。如果我能把精力和时间投入到我有机会做的事情上，我还要在自己永远擅长的事情上埋头苦干，又有什么意义呢？在某些事情上软弱其实是件好事，这样我们会谦逊一点，并对自己拥有的特长心存感激。

所以，无论是工作还是娱乐，都要选择那些对你来说重要的事情，那些你有机会实现的事情，然后为之努力。

我从未遇到过样样都很出色的人，如果我遇到过，可能也不会喜欢他们。我们不必费力去瞄准自己不擅长的事情。我们要认清自己永远不会成功的方面，并停止尝试。这样做不是为了让我们坐在那里凝视太空，而是为了让我们把时间和精力转移到更有效益的地方。

我们不能样样精通的一个原因是，有些技能与其他技能不兼容。例如，我有两位经常与我合作的出版社编辑。有时，一个拥有会计、销售人员、营销人员等人员的团队不可避免地会出现分歧。在解决这些问题时，我的一位编辑是一位出色的“外交家”，而另一位则非常善于在她认为重要的事情上表明立场，即使这意味着有时她会直言不讳。这两种技能都非常有用，但却互不相容。“外交家”不可能让自己如此直言不讳。如果我那位直言不讳的编辑有足够的外交技巧，整天担心别人的议程，那么在需要的时候，她就会失去直言不讳的能力。如果她寻求“不断提升”自己的外交手段，她就必须放弃现有的优势。

所以，接受我们的缺点并不是让我们为不去尝试任何事情找借口。我们都有自己的长处，有责任去发现自己的优势并加以开发。只是我们要现实一点。

法则056：接受自己的缺点。

需要打破的法则 057

力求完美

我有一个作家朋友，他在过去的 17 年里一直在写一本书。他在写到第 15 年的时候快完成了，但却不想将其出版，除非它达到完美。我能理解他的心情，但另一方面，大多数作家在那段时间里至少出版了 10 本书。我知道有些人甚至可以出 100 多本书。那么，我朋友的完美主义值得吗？

我说不值得。我想说，照他这样下去，他会在完成这本书之前就离开人世。而一本没人能读到的书，可以说，根本就不是书。把这本书写完总比在细节上修修补补要好得多。我想，除了他，没人会注意到那些细节。

事实是，你对完美的定义不仅要考虑工作标准和成本，还要考虑它能不能真正实现。通常，如果你想让你的作品达到完美，就应该在一个特定的时间范围内完成。假设你正在为你的大学学位写论文。无论你写得多么好，如果你因为想要它“完美”而没有按时提交，那就没有达到目的。所以，它终究是不完美的。

这适用于工作、读书和生活。完美主义被认为是一种积极的特质。当然，草率是不好的，你的目标应该是尽你所能创造出最高标准的作品。但老实说，这是有限度的。你必须在追求完美与时间和成本之间取得平衡。

你认为，当米开朗琪罗画完西斯廷教堂天顶画时，他认为无须改进了吗？我敢打赌他想过要改进的问题。我估计他可能花了几个小时盯着天花板看，心想："哦，我本想再看看那棵树。我本可以稍稍调整一下鼻子……事实上，我现在正在思考那些长袍的颜色……"然而，他明白，把事情做好和完善每一个小细节一样重要。这幅画已经足够好了。我可以担保，我已经看过了，我认为它绝对合格。

莎士比亚回头去修改了他的一些剧本，以便以后演出。也就是说，他认为那些剧本并不完美。但他要考虑观众，还要考虑一群靠演出挣饭钱的演员。所以，他对完美的定义必须包括按时完成作品。

你看，追求完美会阻碍你完成一个项目。一个未完成的项目并不完美。所以，你在追求不存在的东西。当然，你必须尽你所能做到最好，但这也包括接受不完美。

法则 057：完美可能是一种障碍。

需要打破的法则 058

你是你的基因的产物

你的基因对你的性格起着很大的作用，这是毋庸置疑的。但你不是你的基因的产物。尽管有遗传基因，但你还是可以改变很多。你可能被自己的大多数外表特征所困（尽管化妆品能带来的差异是惊人的），但你可以控制你的性格、观点、价值观、态度、理解力和成就。

你一定见过一起长大的兄弟姐妹走上了截然不同的人生道路。也许你的父母（或祖父母或好朋友）和他们的兄弟姐妹就是这样。一个待在他们长大的地方，另一个去了广阔的世界。几年后，你可以看到他们已经成长为非常不同的人。有时你甚至可以看到，他们都留在家乡，但过着截然不同的生活。

重要的是你做了什么。年龄越大，你的经历对你的影响就越大。你的选择将决定你是谁，是否旅行，是否与弱势群体合作，是否选择特定类型的电视节目或电脑游戏，是否花时间与家人在一起，是否继续深造，是否利用周末在山上散步，是否养狗，是否节俭生活，是否生养孩子，是否寻求冒险，是否在职业阶梯上一路奋斗，是否选择平静的生活。随着时间的推移，所有这些将成为你的一部分，并接管你的基因，决定你成为什么样的人。这就是为什么兄弟姐妹（甚至是双胞胎）在遗传因素之外会有如此大的差异。

事实上，即使你认为完全由遗传决定的事情也会受到你的人生选择的影响。正如林肯所说："人过了四十岁就该对自己的长相负责。"

是的，你是否能成为你想成为的那种人完全取决于你自己。你不能坐等奇迹发生。如果你想成为一个有进取心的人，就必须去争取一些东西。如果你想做善事，就要找到需要帮助的人并帮助他们。如果你想成为事业上的佼佼者，那就开始专注并努力吧。不是明天或下周，而是现在，今天，就在当下。不要告诉自己总有一天你会做这个或做那个。如果你是认真的，那现在就去做吧；如果你是开玩笑的，那就放下，找点别的事情去做。

如果你一生都在黑暗的角落里度过，你就会变成一个恐怖的人，就像咕噜（电影《指环王》中的人物）一样。如果你想成为一个阳光的人，就做阳光的事。你不是在消磨时间，而是在创造你自己。所以，一定要把时间花在那些能让你成为你想成为的人的事情上。

法则058：你是你的经历的总和，请好好体验人生。

需要打破的法则 059

来日方长，明天再说

你知道，不经意地浪费一个小时或一个上午是多么容易。虚度一生也很容易，虽然年轻时你很难相信这一点。你要意识到你的时间都去哪儿了，因为那就是你生活的方向。

也许你每天花几个小时玩电脑游戏。这就是人类进化的原因吗？或者你可能没完没了地看电视，把自己卷入别人的生活中（甚至可能是虚构的），而不是过自己的生活。或者你可能在等待一份完美的工作（或任何工作）出现。与此同时，你只是在摆弄你的大拇指打发时间。你知道自己在浪费时间，但你不会永远这样下去。你很快就会改变你的生活方式。

听着，最容易改掉坏习惯的时刻就是现在。如果你不打算马上停止浪费光阴，但你又意识到不能再虚度年华，那为什么要等到明天或下个月才开始珍惜时间呢？

如果这是你的想法，那就不要再游手好闲了。现在就停止闲荡。如果你愿意，这将成为你一生的全部价值。让每一天都有意义（无论多么微不足道）并认识到你值得拥有一个有价值的人生。不要陷入无意义的事情中。

当然，你可以看一会儿电视，偶尔玩一玩电脑游戏，等待一份好工作（但在等待的时候做点什么总比什么都不做要好）。生命是宝贵的，在你年轻的时候，哪怕浪费一两年也不行。我不在乎你做的事是否“有价值”。如果你没有“推动你的事业”“成就你自己”或遵循其他宏大的指令，我都没有意见。但我在乎的是你能拼凑出一个有意义的人生。

你可以对其他人产生影响。你可以走出去，享受乡间的美景。你可以培养一项技能，比如，另一门语言、滑板、插花。只要不断学习和成长就好。也许你的工作很刺激，或者你要养家糊口。在一段时间内，这些就足够了。但是，你日复一日做的所有小事，从签署表格到洗衣服，将构成你的生活。你可能无法时不时地避开其中的大多数事情，但请你倾听生活从琐事之间呼啸而过的声音，让它把你带到某个境界，而不是简单地与你擦肩而过。

法则 059：一天的生活就是一生的缩影。

需要打破的法则 060

一天 24 小时根本不够用

有些日子，你总是匆匆忙忙，拼命追赶自己。也许这对你来说是大部分日子的写照。总有那么多事情要做，那么多的会议、电话、一大堆要洗的衣服、电子邮件、课程、社交活动，你的日子总是被什么事情填的满满的。当你晚上坐下来的时候（如果你有空坐下来的话），你已经筋疲力尽了。更重要的是，你可能会感到沮丧和不满，因为你仍然有一大堆事情要拖到明天。

这听起来是不是很熟悉？那么你能做些什么呢？实际上，你能做的有很多。关键是你要在新的一天拟一份短一点的待办事项清单。这样，你可以稳定地工作，没有任何匆忙或压力的感觉，并从容地完成所有工作。当然，偶尔也会有汽车坏掉的时候，或者一个大客户匆忙下订单的时候，但如果你的工作量是可控的，当这种情况发生时，你可以在一两天内赶上进度。

我知道你在想什么。你认为这一切都很好，但你的待办事项清太长了，如果可以的话，你会缩短清单，但显然你就是做不到。

等一下，你会在一天结束的时候还有一些没有从你的清单上划掉的事项，不是吗？这就是我们要讨论的。我只是说，如果它们在一天结束的时候不会被划掉，那就不要在一天开始的时候把它们列在清单上。把它们放在那里，然后不去做，对任何人都没有帮助。如果你只列一张你可以完成的待办事项清单，就会在一天结束时对自己感到满意和高兴，而不会感到沮丧。与此同时，你会完成相同的工作量。

那么应该去掉哪些事项呢？这很简单。当关键时刻到来的时候，你会把所有要搁置一边的事情都抛到一边，我说的是那些你今晚还没有完成的事情。加油！你知道是哪些事项。如果列出这些事项，唯一的后果就是，当你没有完成它们时，你会在一天结束时感到有压力、内疚、担心和痛苦。

当然，每天把这些事项从你的清单上划掉还有另一个影响。这将意味着你不再是一个匆忙的、轻度躁狂的人，而是一个高效的、有控制力的、忙碌的人，并且知道如何在一天结束时让自己放松下来。

法则 060：了解自己的极限。

需要打破的法则 061

从一开始就旗开得胜

许多年前，我的妻子曾是剧院的舞台监督。最初，她是一名不起眼的舞台监督助理（ASM），她在一个新剧开幕的前几天到达了工作地。她安静地低着头，不妨碍任何人做事，照着吩咐去干活儿。几天后，剧场布景已初步搭建完成。导演、设计师和高级员工就他们发现的一个问题进行了深入的讨论。布景的一边看起来太空旷了，但他们不能在那块空地上放一件新道具，因为演员们已经在这个布景中排练了三个星期，没有时间临时调整他们的走位。不管怎样，他们再也租不起其他道具了。

这时，我妻子问能不能提个建议。导演和设计师当时甚至还不知道她的名字，似乎怀疑她是否能够提供帮助，但他们已经准备好了倾听任何事情，因为这个问题已经让他们耽搁了一两个小时。我妻子说："你们觉得如果把地毯移到舞台的那一边，能在不妨碍任何东西的情况下填补视觉上的空白吗？"于是他们尝试了这个想法，结果成功了，每个人都很感激她。此外，因为这是他们第一次注意到她，这使她（至少在很短的一段时间里）获得了满分的优秀记录。所以他们认为她是个聪明的人，尽管在那之后她和其他人一样提出了很多愚蠢的建议，但他们从来没有摆脱“她的建议值得一听”的第一印象。

她的故事为工作或学习揭示了一条很棒的法则。这是一条很好的法则，可以让你与老师、导师、讲师、同事和经理有一个良好的开端。用你的第一个评论或问题给他们留下深刻的印象，他们会在心理上把你当作一个潜在的“明星学生”。当你开始一份新工作时，你很容易就会迫不及待地想要投入其中，以至于你会提出任何你能提出的建议，无论多么蹩脚（我们有时都会提出蹩脚的建议）。你最好是站在后面观察，仔细选择时机，做出恰到好处的贡献，让你立即受到关注。

保持沉默，直到你确定你有真正值得说的东西，并确保人们第一次注意到你。你的机会可能会在一个小时或一个星期后出现，所以在机会出现之前不要成为人们关注的焦点。如果你真的觉得这个时间太长了，如果你没有什么具体的东西要说，那就想出一个聪明的问题来问。但是，请你观察、倾听并保持警惕，你的高光时刻迟早会到来。抓住机会，给人留下深刻印象，你会发现自己马上就能从重要的人那里获得更高层次的尊重。

法则 061：等待时机给人留下好印象。

需要打破的法则 062

自信的人知道自己的方向

其实，自信的人未必知道自己的方向。有些自信的人认为他们知道自己的目标是什么。有些人知道自己在某个方面的发展方向，他们有职业规划，或者期望住在哪里，或者想安定下来生孩子，或者绝对不想要孩子。有些人甚至对如何实现这些目标有一些计划。但我们很多人都对此毫无头绪。

我知道，有些人看起来自信得令人羡慕，但那只是表象。也许他们已经学会了坦然面对迷失的感觉，所以他们更容易从容应对一切。你看，没有人能确切地知道自己的目标是什么。这就是生活如此有趣的部分原因。制订计划总是值得的。如果你要进行一次长距离的徒步旅行，即使你很确定要走哪条路，带上一张地图也是明智的。职业发展计划是非常有用的，但即使你还没有制订好自己的计划，也不要以为这会让你落后于其他人，因为事实并非如此。当生活给他们重重一击时，他们会发现适应起来要困难得多，而你会发现顺其自然更容易。

迟早你会找到自己想要的东西，也会有努力的方向。但即使你达到了目标，走的也不一定是你所期望的那条路。我花了好几年时间试图成为一名作家，但都没有成功。我同时做着各种各样的其他工作。我曾不断地遭到出版商的拒绝。然后，出乎意料的是，我的一个朋友受邀写一本书，但他本不想写，于是把我的名字告诉了他的经纪人。这一切都是从那里开始的。此前我给出版商写的信都完全没有用。

对于我们大多数人来说，随着年龄的增长，生活变得越来越好。但我们还是很迷茫。我们只是越来越善于观察，好像我们知道我们要去哪里。有时候，在一段时间内，一切都很顺利，然后，生活就会遇到一些完全意想不到的打击，让一切都偏离正轨。

你很容易觉得你是唯一一个不知道方向的人。这会让你感觉更糟，甚至进一步打击你的信心。但我向你保证，我们都迷路了，但至少我们还有点理智。因为生活总是让你左右摇摆，所以即使你能看到自己的目标，也不一定能实现。我认识一对夫妇，他们非常安定和快乐，事业进展顺利，他们可能认为自己知道生活的方向。一天午餐时间，他们吃了一些在当地采摘的蘑菇——这是他们以前经常做的事情。然后，他们的生活在几个小时内发生了翻天覆地的变化。在接下来的几年里，他们都接受了透析治疗，无法正常工作。

所以，制订清晰的计划是有用的，但也不能提供保障。与此同时，很多人都试图让自己看起来比实际感觉更自信。所以，不要担心，你肯定不是唯一感到迷茫的人。

法则 062：别人都和你一样迷茫。

需要打破的法则 063

从人群中脱颖而出

喜剧演员艾迪·伊扎德（Eddie Izzard）曾经做过一个很棒的脱口秀节目，其中有一个桥段是关于淋浴器水龙头的。他示范了如何将水龙头转到 180 度甚至更多，但实际上符合你理想温度的转动角度只在很小的范围内："转，转，转，转到热。转，转，转，转到冷。但我们唯一感兴趣的是，极热和极冷之间的那一纳米。"[㊀]

同样的道理也适用于所有想要塑造强势形象的人。如果你想在生活中融入人群，那没问题。很多人通过这种方式感到最快乐，这当然是一个简单的选择。

然而，如果你想脱颖而出，就需要认识到你总是在小心行事。无论是你的行为方式、穿着方式、开的车还是你的公司，请记住——就像伊扎德口中的淋浴器水龙头一样——它是普通的，普通的，普通的，超酷的，普通的，……极差的。

㊀ 她演绎这句话的时候更有趣。

更重要的是，你可能太习惯于镜子里的自己，以至于你失去了区分超酷和极差之间的能力。我相信你可以在公共生活中想出这样的例子，但我最好不要提到任何名字。那些曾经很酷的人，后来做得太过火了，突然就变成了傻瓜。

你很容易被冲昏头脑。前一分钟你看起来有点古怪，下一分钟你就很古怪了，在你意识到这一点之前，你就已经走到了古怪的边缘。你甚至没有注意到你已经走了多远或者你离边缘有多近。你感到有点兴奋，享受所有的关注和追捧。然后，不知不觉……你滑到另一边去了。

我告诉你这些是因为总有人要这么做。如果你选择走这条路，你最好在你身边聚集一些非常诚实的朋友，然后倾听他们对你说的话。我没说你应该做什么或不应该做什么。如果你愿意，你可以打扮得像个傻瓜。我只是觉得应该提醒你一下。

法则 063：超酷和极差之间只一线之隔。

需要打破的法则

064

外表很重要

每天早上起床后我都会照照镜子。我会想“我看起来比昨天更清醒”或者“我的眼圈更严重了”。我偶尔也会说：“是的，你今天看起来不错。”有趣的是，当我看到别人的时候，我不会这么想。我只是没有注意到（除非是非常极端的情况）他们与我上次看到他们时相比如何。他们看起来就像他们自己。

反之亦然。他们对我的眼圈毫不在意，甚至对我看起来还不错的时候也毫不在意。这是因为，正如我们在法则 41 中说的那样，别人的眼里不全是你。没有人在乎或注意到你。

我知道你在想什么。如果你只是看起来有点累，那没人注意也很好，但我不知道的是，你有一个又大又丑的鼻子，或者体重超标，或者牙齿很难看。实际上，我不需要知道这些，还是那个道理：每个人都在担心自己的外表，而不是别人的外表。

你想指出的是，研究表明，有魅力的人在生活中有优势吗？我知道他们有魅力。努力工作的人，讨人喜欢的人，有决心的人，有很多朋友的人，以及其他各种各样的人也是如此。听着，即使你是对的，你长得很丑（我对此表示怀疑），但你仍然有很多方法可以让你在自己的控制范围内获得优势。

你想知道，如果你看起来非常令人反感，将如何找到伴侣？你在街上遇到的人是怎么找到伴侣的？他们中的很多人看起来并没有那么特别呀。如果你坚持去俊男美女们聚集之地，可能很难被注意到，但我认为这是一个明显的优势。说到长期伴侣，任何值得拥有的人都会看穿你的外表。事实上，纠正一下，他们会关注你美好的一面。我们都会这样。他们不会注意到你的大鼻子，因为他们会盯着你那双可爱的眼睛看（你从来没有注意到它们，因为你一直在忙着端详你的鼻子）。他们看到的是你灿烂的笑容，而不是你超标的体重。最重要的是，他们会看到隐藏在表面之下的真实的你。相信我，长相最差的人也能找到伴侣，而且他们会找到真正爱他们的人，你也一样。

但是，你知道最重要的是什么吗？你要对自己有信心。因为自信真的很有吸引力，无论对男人还是女人。学会忽略你对身体不满意的部分，专注于你最喜欢的部分，然后加以展示。你不要藏着掖着，努力不让人看到，你要炫耀你美丽的头发、你那双美丽的手，或者你穿上最新的时装有多迷人。一旦你学会了喜欢自己的样子，你周围的人也会喜欢你。他们不会觉得你不像看起来那么有吸引力，因为他们的眼里不全是你，没错！

法则 064：对自己的样子感到满意。

需要打破的法则

065

这只是沧海一粟，微不足道

甘地曾经说过："无论你在生活中做什么，都将是微不足道的，但非常重要的是，你做到了。"哲学家们可能会对这句话的含义争论起来。其实它可能有多重含义。其中一个意思是说，小小的行动看起来微不足道，但它们构成了大大的事情。我们在关于如何度过一天的法则 59 中看到了这种观点的重要性，其实它在其他方面也很重要。

从本质上说，你必须做你相信的事情，哪怕你并不相信这会带来改变。假设你认为抵制使用童工的公司真的很重要。然后，你发现这家公司生产了一件你喜欢的产品。你很容易告诉自己，这家公司有数百万的客户，你的一次购买对整个公司的发展没有什么影响。嗯，你可能是对的，这是微不足道的，但你依然很有必要坚持你的原则。唯一能说服这些公司改变做法的就是数百万次像你这样的微不足道的抵制。如果每个人都认为自己的影响力微乎其微，那么改变永远不会发生。

每个行动或决定本身都是微小的，但这就是你如何构建整体的方式。正如一只蝴蝶在中国扇动翅膀可以改变纽约的天气一样，[㊀]每一个整体也只能是各部分的总和。你可能觉得你的一票无足轻重，但数以百万计的人就像你一样，投下他们微不足道的一票，这就能让政府倒台。

有时你确信你的态度对整体没有任何影响。你只是知道其他人不会和你投同样的票，或者不会去抵制。也许你是对的。但你很有必要去做你认为应该做的事情。

你可能认为你做什么都没关系，因为没有人在看你。这个渺小、微不足道的事情会完全被忽视，没有人会知道。但你错了。有人在看着你。你也必须去做这些无关紧要的事情，因为这是唯一忠于你自己的方法。你的选择决定了你这个人，如果你背叛了自己的信仰，就改变了自己。如果一件事是对的，那就是对的。所以，无论你的选择结果如何微不足道，你都要做出选择，因为这很重要。

法则 065：不起眼的东西也很重要。

㊀ 请参阅“混沌理论”。我现在就不讨论这些了。

需要打破的法则 066

工作是第一位的

如果你所处圈子里的大多数人都有正经的工作（即使你没有），那么，你很有可能会背负很大的压力去争取一份“前途似锦”的高薪职业。父母、老师、朋友都可以把你引向这个方向。当你开始爬上职场阶梯的第一个台阶时，你的同事和经理会给你施加更大的压力。

你开始会做得很好，并定期升职加薪。当然，你得花很长时间，可能还要在周末加班，还可能要高频率地出差。老板会在晚上或周末给你打电话，但这没关系，因为这让你觉得自己很重要且被需要。假期可能很难安排，但如果你带着智能手机和笔记本电脑，在休假期间完成一些工作，就可能会有几天消停日子。

我先澄清一下：我并不是说这样的工作很糟糕。对许多人来说，这种忙碌的感觉十分美妙。这样既刺激又令人兴奋，让你保持警惕。你也有糟糕的日子，但通常压力是非常积极和充满期待的。我不会阻止你从事这种职业——无论是在教育、商业、政治、媒体还是科研领域，或者其他什么领域。

然而，生活中有比事业更重要的东西。比如，有很多重要的人——朋友、家人、伴侣和孩子。他们是真正让生命有意义的人。如果你长时间沉浸在高压的工作中，就会发现所有这些人都会离你而去，或者永远不会出现你的生活中。有一天，当你退休或被解雇的时候，你会好奇你还剩下什么，这一切都是为了什么。

令人兴奋的事业很棒，在离开学校或大学后的头几年里，把自己埋在工作中是可以的，但是，当你到了 25 岁左右的时候，你需要意识到生活还有更多的事情要做。不要让这一切悄悄溜走。不要因为你不能把注意力放在工作之外的任何事情上而最终失去伴侣，或者让伴侣离开你。

即使你不想要感情或孩子，你仍然需要逃离你大多数时候所做的事情。你的朋友能让你暂时远离这一切，但这些朋友不会凭空出现。你必须出去找到他们，然后给予他们足够的关注，让他们留在你身边。他们会知道你的工作占用了你很多时间，只要你确保给他们留一丁点儿时间就好。

不要总是承诺自己在一两年内或下一次升职后会腾出更多的时间。设定一个确定的日期并坚持执行。你不必放弃这份工作，只要确保它能让你过上正常的生活就好。

法则 066：事业不是人生的全部。

需要打破的法则 067

把一切都和盘托出吧

你知道的，跟别人动手并不聪明。不仅因为它不好，而且因为无论你想要什么，它都会大大阻碍你。这并不明智。

有些人就是喜欢以冲突为乐。只要有一点借口，他们就会侮辱别人，迫使人们屈服于他们。我知道，这种事情处理起来并不总是那么容易，尤其是你从小就遭遇这种情况。不过，还有其他方法可以处理这种棘手的情况。如果你在寻找冲突，就总能找到吵架的机会。但如果你试图避免冲突，那也不是不可避免。

冲突的全部（差不多就是它的定义）就是你把自己置于与他人对立的位置。冲突会变成一场战斗，最终一个人会赢（你希望是你），而另一个人会输。当然，没有人想成为输家，所以，无论谁站在输家一边，都会继续战斗，而不是承认失败。如此类推。

最好以一种没有“两军对峙”的方式来解决问题。你要表现得就像你和对方站在同一阵线，共同努力解决问题，不必在乎那是什么问题。

因此，当你看到一个迫在眉睫的问题，需要对方改变立场时，首先不要挑起冲突。果断地解决问题，但不要咄咄逼人，这样你们就能一起找到问题的解决方案。这可能要借助于你的语言智慧。

假设你家里有人不停地往洗碗机里装东西，洗完后一半的盘子还是脏的。非常恼人！你可以说："你总是把盘子放在错误的地方，而且靠得太近了，这真的让我很烦。"你也可以说："洗碗机里有一半的锅碗瓢盆还是脏的。我想知道我们能做些什么？"现在想象一下这两种表达下的接收方的反应。第一种可能会让接收方产生戒心，并很可能引发争吵。第二种可能会让接收方认为也许有更好的方法来解决这个问题。看到了吗？聪明多了。

有时候，别人会对你说一些挑衅性的话，几乎肯定会挑起冲突（甚至可能是有意为之）："我们应该扔掉洗碗机，重新用手洗碗。那你总不能一直说我放错了吧。"对此，最明智的回应是完全不做任何反应，不要挑起争论。如果他们真的开始把洗碗机扫地出门，你是可以干预的，但几乎可以肯定的是，他们的话并不是认真的，只是想制造冲突。他们不会真的坚持这么干。

现在你只要考虑一件事，那就是不要让你的言行太离谱了。如果你害怕冲突，就会回避需要解决的问题，这样并不好。我不是想让你去逃避困难，我只是希望你能找到另一种应对困难的方法。

法则067：避免冲突。

需要打破的法则
068

如果你知道自己是对的，就不要退缩

本书中某些需要打破的法则有时候是成立的，本条法则也一样。关键是不要盲目地应用这样的法则。所以，如果你知道自己在一个重要的原则和价值观上是正确的，就确实不应该退缩。假设有人对另一个人不好，你决定干预。在这种情况下，你应该坚持自己的立场。即便如此，你最好还是保持冷静、理性和文明，这样做比较好。当我说“这样做比较好”时，我的意思是“这样做更有可能奏效”。

然而，在所有其他情况下，“你是对的”这个事实比没有达成协议重要。很可能你说得对，比如，这个围栏属于你，或者你在技术上是资深的，或者那个先例对你有利。然而，与你意见相左的人往往也同样确信自己是对的。也许他们是对的，也许你们两个人都是对的。这都是无关紧要的。

重要的是你们达成了协议，这需要妥协。妥协的想法通常被视为某种程度的让步，这也意味着丢面子。然而，这并不是它真正的意思。妥协是为了解决问题，你们都要适应。这听起来很合理，不是吗？

请把注意力集中在你想要解决争端的事实上。如此，你会从你们双方都想要一个解决方案的事实中得到支持。“解决问题”比“放任不管”对双方更有好处。所以，如果你能做到这一点，就不会丢了面子。你已经成功了。

不过，首先你得彬彬有礼。如果你对他们大吼大叫，没有人会和你做交易。如果是他们在咆哮，你需要保持冷静和礼貌，这样才有可能让他们冷静下来。

接下来，你必须从他们的角度看问题。为什么这对他们如此重要？为什么他们认为自己是对的？他们有道理吗？经过理性而公平的思考，你会明白，他们真正想从生效的协议中得到什么。假设你的邻居正在因为你把车停在他们的房子前面与你争论。他们仅仅是出于领土意识（这是人类的自然本能，即使没有法律依据也无妨），还是担心他们没有停车的地方，或者他们的带轮垃圾箱会被堵塞？

一旦你明白了别人的想法（你不必同意），就应该能够提出一个让每个人都满意的解决方案。当你们相互妥协且彼此适应时，你就可以表扬自己了。妥协比争吵或咆哮更需要付出努力，这是你可以引以为豪的事情。

法则 068：不要害怕妥协。

需要打破的法则 069

有些人是自找的

我以前说过这条法则，[㊀]但我还要再说一遍。很多时候，表达你的感受是可以的，但不可以把它们付诸行动。这句话说起来简单，做起来却很难。我知道这很难，但我知道你能做到。它需要一个简单的视角转换，从一个以某种方式行动的人变成一个以不同方式行动的人。听着，不管有多艰难，你都不会：

- 报复
- 行为不端
- 非常生气
- 伤害任何人
- 鲁莽行事
- 咄咄逼人

㊀ 在《人生：活出生命的意义》中说过。我不为在本书中重复这一法则而道歉。

这就是底线。你要始终站在道德制高点。不管受到什么挑衅，你都要表现得诚实、得体、善良、宽容、友善（诸如此类）。不管你面临什么样的挑战，不管别人的行为对你多么不公平，不管他们的行为有多恶劣，你都不能以牙还牙。你要继续做一个善良的、文明的、道德上无可指责的人。你的举止要无可挑剔，你的语言要温和。无论他们做什么或说什么都不会让你偏离这条底线。

是的，我知道有时很难。我知道，当世界上其他人的行为令人震惊时，你必须继续忍受下去，而不是屈服于你想用野蛮的话击倒他们的欲望，这真的非常艰难。当别人待你很恶劣的时候，你很自然地想要报复并猛烈抨击。不要这样做。一旦这段艰难的时光过去，你会为自己感到骄傲，这将比复仇的滋味好一千倍。

我知道复仇很诱人，但不要这么做。现在不行，以后也不行。为什么？因为，如果你这么做了，就会堕落到恶人的水平，就会变成野兽而不是天使（参见法则 71），因为这会贬低你、诽谤你，因为你会后悔，还因为你无法称得上人生法则玩家了。复仇是为输家准备的。占据并守住道德制高点是唯一的出路。这并不意味着你是一个容易被打倒的人或懦弱的人。它只是意味着你所采取的任何行动都将是诚实的、有尊严的和干净的。

法则 069：守住道德制高点。

需要打破的法则
070

尽情地宣泄自己的情绪

几十年前，你从不表达自己的感受。你从不说“咬紧牙关、保持定力”之类的话。憋着，把它藏在心里，不要让它成为别人的负担。好吧，这一切似乎都已经过去了，总的来说，我很高兴地和它愉快地挥手告别。表达情绪肯定比否认情绪更健康。

然而，说出自己的感受对你有好处，但并不意味着你可以在任何时候、任何场合都可以宣泄情绪。在你最好的朋友、妈妈或伴侣的肩膀上哭泣，和在公共场合或在任何碰巧在场的人的面前哭泣，有着天壤之别。

我有个朋友是做殡仪工作的。他告诉我，当他为客户刚刚失去的伴侣、父母甚至孩子组织葬礼时，他能给出的最有用的警示是:“准备好花整个下午的时间安慰那些没有你难过的人。”

我们是如何从咬紧牙关、保持定力，到对着一个刚刚失去亲人的人（一个比你更有权利在公众面前难过的人）号啕大哭的?这是另一个极端，过火了。这其中有一种近乎令人尴尬的自私。

在葬礼上心烦意乱是可以的（你出席葬礼是因为你关心），但如果你无法控制自己，就需要远离死者至亲。

自由表达自己的情绪是一种现代趋势，似乎这能让我们成为一个更好的人。但有时候[㊀]别人的眼里不全是你。有时候，别人的情绪比你的情绪更重要，你需要暂时搁置自己的情绪。你可以晚点回家痛哭一场，或者打电话给你最好的朋友寻求安慰。当你和那些比你更有理由感到害怕、悲哀、沮丧、焦虑、痛苦的人在一起时，给他们空间去释放情绪，而不要增加他们的悲伤。

这个办法不只适用于极度悲伤或创伤的时候。当有人说“我今天过得糟透了”时，你也许会说：“跟我说说吧！我的这一天也是令人震惊的。首先……”貌似这是一种同理心的表现，表明你也有同感，但实际上，这就是把注意力从别人身上移开，牢牢地放在了你自己的身上。就好像这突然变成了一场比惨大赛，看谁的日子过得最糟糕，谁有权最大限度地发泄情绪。

如果有人需要抱怨，那就倾听且表示同情。不要比惨！有时我觉得我们应该引入一些新的规则，规定一次只允许一个人抱怨，而且是谁先到谁先说。

法则070：不要践踏别人的情感。

㊀ 这里再提一下法则41的内容。

需要打破的法则
071

人无完人

这种冒牌法则往往只是做出糟糕选择的借口。当然，我们不总是正确的和完美的，但如果我们遵循这条法则，那就是选择不去做我们应该做的事。

我们在生活中的每一天都面临着无数选择。每一件事都可以归结为一个简单的选择：是站在天使这边还是站在野兽那边？[1]你会选哪个？还是你根本没意识到发生了什么？让我解释一下吧。我们的每一个行为都会对我们的家庭、周围的人、社会乃至整个世界产生影响。这种影响可能是积极的，也可能是有害的，这通常是我们的选择。有时这是一个艰难的选择。我们在自己想要的东西和对他人有益的东西之间纠结，在自己的满足感和对他人的慷慨之间左右为难。

听着，没人说这很容易。选择站在天使一边，往往是一个艰难的决定。但如果我们想在生活中取得成功（我衡量成功的标准

[1] 我以前也写过这条法则，在《人生：活出生命的意义》中，如果你没看过，值得你看一遍。如果你已看过，也需要再温习一下。

是我们离自我满足、幸福、知足的距离有多近），那么，我们就必须慎重地做到这一点。这就是我们绕开野兽，与天使同行的原因。

如果你想知道自己是否已经做出了选择，只需要快速审视一下自己的感受，以及如果有人在交通高峰时段插队到你的前面，你会作何反应。或者，当你很匆忙，有人停下来向你问路的时候，你会作何反应。或者，如果家有少男少女，其中一个和警察发生了冲突，你会作何反应。或者，当你借钱给朋友，他们却不还的时候，你会作何反应。或者，如果你的老板当着其他同事的面叫你傻瓜，你会作何反应。或者，邻居家的大树开始侵占你家的地盘，你会作何反应。或者，你用锤子砸到了自己的大拇指，你会作何反应。或者，想象一下更多的倒霉事儿。正如我所说的那样，这是我们每天都要做的选择，而且是很多次的选择。你必须慎重地做出选择。

现在，问题是没有人会告诉你天使或野兽到底是什么样子。在这里，你要设定自己的选项。不过，这不会那么难。我认为其中很多都是不言而喻的。你的选择会伤害你还是阻碍你？你是问题的一部分还是答案的一部分？如果你做了某事，局势会变得更好还是更糟？你必须独自做出这个选择。

重要的是你对天使或野兽的诠释。告诉别人他们站在了野兽一边，这是没有意义的，因为他们可能对天使和野兽有着完全不同的定义。别人做什么是他们自己的选择，他们不会感谢你的忠告。当然，你可以作为冷漠的、客观的旁观者，观察之后再自言自语："我不会那样做的。""我认为他们只是选择成为天使。""天哪，太可恶了。"但针对当局者，你什么都不用说。

法则071：绕开野兽，与天使同行。

需要打破的法则
072

在截止日当天完成任务

这是一条非常实用的法则，但也是一条重要的法则。我从小就明白，我不应该让别人失望，我应该说到做到。而且该法则非常靠谱，我相信你也会同意。人们告诉我："要在截止日当天完成任务。"

但我无法告诉你我有多少次为了赶在最后期限前完成任务而陷入困境。从学校里的作业提交日到出版商的截稿日，在最后的几个小时或几天里，为了把事情做好，我经历了地狱般的煎熬。在最后一刻才会出现的问题真的太多了。

如果你有几个月的时间来写一本书，在交付当天对出版商说："我真的很抱歉，我还没有完成这本书，你知道，我妈妈几天前病得很重……" 这听起来很荒谬，他们只会好奇你过去几个月都在忙些什么。

工作中的报告或演讲、大学里的论文、购买生日礼物、搬出你即将离开的公寓，以及任何你能想到的事情都是如此。你可以对所有这些做完美的计划，但有些事情会出现并破坏这些计划。如果没有回旋的余地或没有松懈的空间，你的计划就会被摧毁。所以，你别无选择，只能错过最后期限，或者抛弃你生病的母亲或任何阻碍你的事情。

听着，我可以向你保证，那些事情总是会阻碍你按时完成任务。我甚至不需要知道你应该做什么、什么时候必须完成。我已经知道一定会发生搅局的事情，因为总是会发生的。汽车坏了，电脑崩溃了，火车停止运行了，你最好的朋友遇到了危机，有人生病了，你的材料用完了（不用说，是在商店关门之后），你受到干扰了，某个高级官员要求你参加一个重要的会议，最后期限提前了，坏天气挡住了你的去路。

你可能不知道什么事情会在最后一刻打乱你的计划，但要知道有些事情绝对会来捣乱。如果你没有预料到，你不仅会错过最后期限，还会变得非常紧张、易怒和沮丧。这是你自己的错——你一定不愿意接受这件事。我知道这种错觉，因为我一次又一次地经历过，这从来都不是我的错。

但内心深处，我知道自己错了。经过多年的努力，我现在知道如何防止这种情况发生，除非是在非常罕见的情况下。我不再努力在截止日当天完成任务，现在我的目标是提前完成任务。我计划提前一两天完成小项目，提前一两个月完成大项目。我在自己的时间表中预留了一些富余的空间。我不知道我在等待什么事情发生，但我知道，总会有事情出现并填满这些空间。

法则 072：提前完成任务。

需要打破的法则

073

提出好的建议

有些人觉得这条法则很容易被打破，大多数人都很难做到。事实是，在可能的情况下，给别人建议是不好的。我知道这很棘手，但很重要。

澄清一下，建议朋友这件上衣是否配这条裤子、吃饭时喝什么酒或者去哪里换轮胎都是可以的。我在这里说的是情感方面的建议，比如是否要离开他们的女朋友、如何应对他们难缠的母亲、是否要辞职。这些通常也是重大的决定，所以，你不要告诉对方该做什么，这一点更重要。

事实上，这些事情在很大程度上是基于感觉的。你朋友的感受不是你的感受。只有他们知道自己的真实感受。比如，他们在特定场景下会有什么感受，他们会不会后悔，他们对一种情况或一段关系的细微差别是什么。这些都是需要慎重考虑的决定，不能用现成的解决方案去解决。

再说了，万一你错了呢？如果他们听从了你的建议，结果一切都糟透了，怎么办？那会对你们的友谊造成什么影响？或者，假设他们无视你的建议，一切都出了问题，怎么办？或者，他们忽略了你，结果却很好，这又说明了什么？或者（这并不罕见）你建议他们离开他们的伴侣，因为你不喜欢或不信任他们的伴侣，而最终，他们还是和伴侣在一起了。现在他们知道你不喜欢或不信任他们的伴侣，你又给自己惹了一场大麻烦。

所以，闭上你的嘴。你不是无所不知的那个人。让你的朋友自己做决定。但这并不意味着你不能支持他们。你可以给他们一些事实和数据，举个例子，如果他们正在考虑辞职，你可以提供有关就业市场活跃的行业数据。你当然可以问他们问题，但要懂得权衡。你可以先问："如果两年后你离开你的伴侣，你觉得你会有什么感觉？"然后再问："如果你继续这样下去，两年后你会有什么感觉？"

你还可以帮助你的朋友注意到他们可能没有考虑过的选项。如果他们正在决定是否等找到新工作后再递交辞呈，你可以问他们是否考虑过等几个月后再看自己是否会升职，或者他们可以问问老板还有没有其他的职位空缺，或者可不可以做个自由职业者，或者不必等找到另一份工作就递交辞呈。只是不要告诉他们，你认为他们应该选择哪个选项。你的观点无关紧要，因为朋友的眼里不全是你。[㊀]只有他们知道什么会奏效，因为只有他们知道自己的感受。

法则 073：不要提建议。

㊀ 喔！法则 41 每次都悄悄逼近你。

需要打破的法则 074

要让人们知道你是对的

假设你警告你的兄弟，他的车再不修就会抛锚。他没有按你说的做。果然，大半夜，他的车在一个偏僻的地方抛锚了。你建议你的朋友辞职，但他们不听。现在，他所在的公司进入了破产管理程序。当你说公司要搬迁时，你的同事不相信你，而他们刚刚发现你是对的。现在，当事实证明你一直都是对的，你将如何回应所有这些事情?

如果你认为答案是说“我早就告诉过你”，那就站到教室后面，并且下课后留下来吧。罚你抄写 100 遍“我不能说‘我早就告诉过你’”。但你是破茧法则玩家，所以，你当然不会有这样的想法，对吧?

如果你遵循上一条法则，并且不给任何人建议，那么，这条法则就更容易执行下去。你可能私下里已经预见到了结果，但你拒绝提供建议，干得漂亮！现在你就没有理由说“我早就告诉过你”了，因为你没有给过对方建议。

那么，“我早就告诉过你”这句话有什么错呢？它唯一可以使用的场合是坏事发生在某人身上，而你早就预测到了；或者你预测到的好事发生了，而其他人没有预测到。所以，这个表达的真正意思是：“看！我是对的，你错了。看到了吗？”

这句话怎么会有帮助、支持、友善或体贴的意思呢？绝对没有！这是不是事实无关紧要。事实是，你在和一个人谈话，往好了说他错了，往坏了说他也因此陷入困境，而你却选择用这个事实来羞辱他。这是符合法则的行为吗？当然不是。

上一次有人对你说“我早就告诉过你”是什么时候，你会感激他吗？感激他让你注意到，与他的正确相比，你错得有多离谱？什么时候听到这些话会让你的血管里涌动一种温暖的爱和感激之情呢？我猜永远不会有这样的时刻，因为没有人愿意听这句话。所以，下次遇到这样的情况——你是对的而别人是错的——请你闭嘴。你知道你是对的，这就足够了。

法则 074：永远不要说“我早就告诉过你”。

需要打破的法则 075

坚持只做擅长的事

最近我读了很多关于如何推动孩子去做具有挑战性的事情的文章，从而给他们更多的“勇气”，比如送他们去远足、去新兵训练营等。交给他们一些负有责任和体现领导力的事情去做，看看他们是如何处理的。如果他们失败了，很明显，这就像在这些挑战中取得成功一样，培养了他们的勇气。

嗯，是这个道理，但也不全是。我认为，人们所说的“勇气”是自信和韧性的结合。这对任何年龄的人来说都是一个好的特质。但是，无论你是在学校还是更远的地方，实现这一目标的方式都不是那么明确。

我看到孩子们被这些高要求的活动所累，他们确实给自己带来了惊喜，并从成功中获得了巨大的信心。我也看到过孩子们在最终失败的情况下变得更加坚强。但我还看到过一些孩子和成年人被逼得太紧，当他们无法实现自己的目标或无法实现周围人已经完成的目标时，他们便失去了信心。

秘诀就在于你面临的挑战有多大。如果你只做你擅长的事情，从不做让你气馁的事情，那么，你就很难建立信心和增强韧性。我们已经看到，错误和失败并不总是坏事，有时即使最终没有成功，这些事情也会给你留下深刻印象。所以，你很有必要对那些你不确定自己能不能做到而试图拒绝的事情说“是”。

此外，一个对你来说太大的挑战，无论是组织上的、情感上的、身体上的、心理上的还是其他方面的，都会打击你的信心，让你感到脆弱和虚弱。

只有你自己知道这两者之间的界限：一个是要求很高但最终令人满意的挑战，另一个是会让你崩溃的挑战。但有一件事我可以向你保证：如果你从不接受任何挑战，你将很难获得自信。你不会对自己有任何新的了解，并且会停滞不前。

所以，寻找挑战吧，无论是组织婚礼、在喜马拉雅山徒步旅行、在大型公司演讲中担任主持人、学习一门新语言、自己安装厨房设备，还是在当地的施粥处做志愿者。你要不断地施展自己的本领，但不要觉得你必须推动自己超越你的自然极限。如果有疑问，你可以给自己设定一些小挑战：在你报名参加全程马拉松之前先跑半程马拉松；或者安装厨房的大部分设备，但把管道和电气留给专家安装。

法则 075：施展自己的本领。

需要打破的法则

076

你有权受到公平对待

从孩提时代起，我们就开始抱怨:“这不公平！”许多人在他们的余生中都会以同样的方式怨天怨地。这真的很令人惊讶，因为从来没有人给我们最起码的理由去期待生活是公平的，但是，当生活不公平时，我们仍然会发牢骚。

好了，够了。生活是不公平的，克服它吧。它从你出生的那一天就开始了：无论是生活在富裕的西方还是饱受干旱困扰的撒哈拉以南的非洲，无论是生活在体面的父母身边还是糟糕的父母身边，无论有没有兄弟姐妹，无论富有还是贫穷。是的，这很艰难，至少对某些人来说是这样的。无论你的生活多么不公平，我敢打赌，我总能找到一个比你生活得更糟糕的人，但这不是他的错。

尽管可以，但我不会给你们讲那些遭受了一系列可怕不幸的人的故事。很有可能你不会遇到那些真正糟糕的情况，你可能会为一些微不足道的事情哀叹。下次当你错过了你想租的公寓，或者不得不在周末工作，甚至失业，或者为组建家庭而挣扎时，不要把自己和那些有公寓、有工作、有家庭、有自由周末的人相比。试着把你自己和那些没有房子、没有工作、没有钱、没有家庭的人做比较。

如果这让你无法承受，那就想象一下你正在努力工作，做得很好，并展示出了你真正的实力。你意识到你的公司有机会设置一个新职位，这个职位对公司来说很好，对你来说也很完美。老板同意了，设置了新职位，却把它给了别人。这不是一个随机的例子，它发生在我认识的两个人身上，他们在不同的时间任职于不同的公司。这公平吗？当然不公平。但这是生活吗？是的，这就是生活。这两个人都没有抱怨，也没有把这件事告上法庭，更没有声称受到歧视或其他什么。他们都是人生法则玩家，他们勇敢地接受了这一切，并朝着更好的方向前进。

我现在可以告诉你，生活对你并不公平。当然，生活对你的待遇可能远远超过了你的期望——可以是坏的不公平，也可以是好的不公平。我们不欣赏美好的事物，这意味着我们认为生活对我们来说比实际更艰难。

所以，留意生活中发生在你身上的一切美好的事物。你每天都很健康；你身边的每个人都给你带来快乐；你有房子住，有食物吃，还有其他人不能指望的东西。这很不公平。对我们大多数人来说，生活是美好的，就像生活是糟糕的一样，我们只是不够珍惜生活。所以，请对你所拥有（别人并不拥有）的一切心存感激，这样，你就会觉得自己得到的比你意识到的更多。尽管如此，生活有时对你还是不公平——好吧，抛骰子赌一把，也许你又拯救了一个人。你不要想：“为什么是我？”你要试着想一想：“为什么不是我？”

法则 076：别再期待生活是公平的。

需要打破的法则 077

钻研某学科久了，你就成专家了

我有一个儿子，在他 3 岁时，他的人生志向就是要知道所有该知道的事情。在他看来，在那个阶段，这似乎是完全可以实现的。事实上，正如汽车保险杠的贴纸上写着的一句家喻户晓的话：“雇请一个青少年，趁他们还什么都懂的时候。”

我想，当你真正开始深入研究一门令你着迷的学科时，你会发现：你的知识面越宽广，你的学识越渊博，你的视野就越开阔，这可能越会令人沮丧。你学得越多，就越意识到自己的无知。

当然，这也有更好地看待这个问题的方式：你要为总有这么多知识要学而感到兴奋，并享受这个过程。真正令人沮丧的是，你知道了所有该知道的事情，因此再也不能乐在其中了。是的，发现还有那么多知识需要学习是令人生畏的，但这也给了你很大的空间来专注于让你着迷的事情。记住，每个人的处境都是一样的。即使是某一学科的世界级专家们也只知道这门学科的冰山一角。然而，他们可能对整个冰山的大小相当了解，也就是说，他们会比大多数人更了解自己未知的领域。

此外，专家们还将认识到，并非所有被视为事实的事情都必然像表面上那样确定无疑。你越年轻，你眼中的事情看起来就越明确，即非黑即白。随着年龄的增长，大多数主题都呈现出灰色，比你以前意识到的有更多的细微差别和微妙之处。宗教和政治等话题尤其如此，更不用说管理或养育子女等日常且重要的实用技能了。

当我还是个孩子的时候，我几乎知道所有关于恐龙的事情。当时的人对恐龙知之甚少，所以我们都是专家。当时人们所熟知的恐龙可能只有六种左右，而且，我们当时几乎没有意识到其中一种甚至从未存在过。[㊀]然而，真正的专家知道还有很多东西要学。只有你了解了自己无知的程度，才可以自称专家。

我有一个 40 多岁的朋友，她最近开始接受再培训，想成为一名心理治疗师。在接受培训之前，她做了相当多的研究，可一旦培训开始，她就发现这个主题的分支和培训选择比她意识到的要多得多。随着她的深入研究，她发现了更多的可能性。事情就是这样，它既可怕又令人兴奋。为此感到兴奋，并享受这段旅程吧！你永远不可能看到整个海洋，但如果你到大海中央，就会看到比你站在岸边看到的更多的东西。

法则 077：你知道的越多，你不知道的也就越多。

㊀ 比如，雷龙。如果你感兴趣，我就给你讲讲。当时人们对化石进行了复原，结果发现那是张冠李戴。这证明了即使是专家也不是无所不知的。

需要打破的法则 078

你从傻瓜身上学不到任何东西

想一下这个问题。每个真正聪明和成功的人，一定是在某个时候被能力不如自己的人教过或管理过的。爱因斯坦的老师都比他聪明吗？我很怀疑。

你的老板可能没有你聪明，但他们善于管理人员或提出正确的问题来拓展你的思维——这有很多值得说的。这总比一个态度有问题的聪明老板好。

一个不太聪明的老板或老师也未必会阻碍你发展。你只需要找到新的方法向他们学习就好。

所以，观察他们、评估他们、衡量他们，找出他们哪里做错了，以及他们在哪里做对了，什么时候做对了。然后，想一想自己如何避免犯同样的错误。

深入思考可以助你强化这些经验教训。实际上，这些人生经验是在帮你的忙，让你更努力、更清晰地思考问题。

20 世纪 70 年代，英国成立了一家电影公司，其宗旨就是从别人的错误中吸取教训。这家公司取得了巨大的成功，因为它有趣地展示了处理情况的错误方法（囊括了销售、管理或其他方面的各种错误操作）。数万名看过这些电影的学员，通过了解应该避免哪些错误，学会了如何把事情做对。

所以，你可以做同样的事情。把从软弱的老板或无能的老师身上获取失败的教训当作学习的机会。想出一个更好的方法来解释刚刚难倒你的老师的概念，或者计划一下你将如何管理某个项目。

这些都是真正能留存下来的经验，所以要对能够以这种方式学习充满热情。

无论错误大小，或者是否真的有教训可吸取，每天我们都要从别人的错误中学习。生活充满了机会，你所需要做的就是分析别人在哪里做错了，并从中吸取教训，而不是感到无比的沮丧。犯错也是一件好事。毕竟，错误是一种宝贵的经验，但你没有必要亲自犯下所有错误。

法则 078：从别人的错误中学习经验教训。

需要打破的法则 079

认真做你想做的事情

就像许多需要打破的法则一样，本条法则有时候是成立的，但盲目地遵循它是危险的。是的，在任何项目或挑战中，你都会遇到这样的情况：要么放弃，要么勇往直前。但不要认为这种情况一定发生在项目或挑战开始的时候。

当然，有些事情是你必须去争取的。例如，如果你决定要孩子，就必须在真正开始备孕之前投入进去。但在生活中的很多时候，你根本没有必要这样做。通常你可以先试一试，然后再试一试，慢慢来，直到你正式开始。

我和一个讨厌住在城市里的朋友一起长大。他真的很想住在他童年度假的地方。麻烦的是，那个地方离伦敦有几个小时的路程[㊀]，而他在那里一个人也不认识。他想彻底离开伦敦，在那个地方开始新的生活。但他非常害怕。他的另一个朋友说服他在离伦

㊀ 如果你是美国人或澳大利亚人，我应该向你解释一下，英国人认为那是一段很长的路。

敦两小时车程的地方找到一份工作，试着住在乡下，看看他喜欢不喜欢。这样一来，当他觉得准备好了的时候，他就可以直接搬到他梦想的地方，或者当他觉得这一切都是一个可怕的错误时，他还可以回到伦敦。

他就是这么做的。他在这个“中途宿舍”待了几年，直到他觉得是时候离开了。他最终到达了他一直想去的地方，而且在那里一直很开心。事实上，如果他直接去那里，会比现在更开心，因为他在第一次搬家中犯了一些错误，然后他吸取了教训，避免下次犯同样的错误。例如，他发现自己不喜欢乡村生活，更喜欢住在更偏远的地方。这个有用的发现为他后来的搬家铺平了道路。

不要相信任何人告诉你的“你必须全力以赴才能做出大改变”。不管是新地方的房子、新工作、感情承诺还是其他任何事情，如果有办法分阶段完成，那就很好。别人怎么想并不重要。你只要按照适合自己的节奏行事即可。继续前进，不要退缩。只要你还在进步，那么你前进的速度就与别人无关，因为这是你自己的事。

法则 079：你不必太过纠结。

需要打破的法则 080

坚持你所知道的

对！我希望上一条法则能让你安心。你现在感到安全，充满信心。那么，你会需要这条法则。因为我现在想让你离开熟悉的环境，尝试一些新的东西。

这条法则与法则 75[㊀]相似，但并不相同。这是关于把你推向比你想象的更远的地方，但它可以是你习惯的方向。这次我不在乎你是否鞭策自己，但我在乎的是你要去哪里。我希望你能开拓新领域，做点不一样的事，让自己清醒一点。这并不太困难，只需要刺激你心中萎靡不振的部分。

你可以去看歌剧、接受一个你通常会不假思索地拒绝的邀请、去不同的地方度假、参加舞蹈课、午夜去散步、把头发染成粉红色或尝试吃蝗虫。你做什么并不重要，重要的是你在做一些新的事情。如果你只是不停地重复自己的话，那你在这个世界上活了 70 年，又 10 年，又有什么意义呢？

㊀ 施展自己的本领。加油，坚持下去！

你把自己置于更多的新环境中，会从中学到更多，还会敞开你的心扉接受更多新的体验。它会给你一些激情去思考、去谈论、去衡量其他活动。不管你喜欢还是讨厌，每一次新的经历都会拓宽你的视野。你会遇到新的朋友，发现新的感觉。尽管你可能讨厌某些事情，那又怎样？你不需要再做一遍。与此同时，一路上你会发现一些你喜欢的东西。如果没有新的生活方式，你永远不会发现这些东西。

每隔一段时间，一个令人兴奋但也令人生畏的机会就会出现。也许是一个听起来很不错的工作机会，但意味着你要在国外工作。如果你从来没有走出过一成不变的生活，那么你就很难去接受它。但如果你有尝试新事物、拥抱改变（即使是很小的改变）的习惯，就能抓住机会并享受它。你知道你可以处理新的经历，所以不需要焦虑。好吧，也许只是一点点，因为那样会更有趣。

我可能会在待办事项清单上添加几件事，但主旨是吻合的。这与你在尝试什么无关。重要的是你在尝试。

法则080：走出你的舒适区。

需要打破的法则 081

人们会根据你拥有的东西来评价你

大房子、跑车、漂亮衣服、高档家具……你拥有了这些，人们就感觉你已经取得了人生的成功，至少肤浅的人会这么认为。他们会用粗糙的、客观的术语来评判成功（参见法则 001），而且他们也会用你所谓的成功来衡量你的价值。

我们在乎他们怎么想吗？不，我们不在乎。任何人的意见，如果如此关注胜负，而且是基于如此愚蠢的衡量标准，都不值得我们关心。我们当然会好好对待他们，但私下里我们不会理会他们的意见。通常，这只是他们对自己的看法的反映。当他们拥有房子、汽车、衣服、家具时，他们认为自己成功了，所以他们会根据自己的条件来评判你。这说明了很多关于他们的事，但都与你无关。

听着，我最不爱干的事就是批评别人对汽车的偏好（我更喜欢老式车而不是跑车）。如果你有极强的审美眼光，那就一定要把你认为漂亮的东西放在家里，这样你就会高兴。但不要为了好玩而购买东西，也不要因为你想给人留下深刻的印象而购买东西。这样做实在没有必要。很多人在不富有的情况下也能给人留下深刻的印象。特蕾莎修女一无所有，甘地的形象并不浮华，但这并没有阻止人们欣赏和尊重他们。

一旦你开始按照别人的标准而活，你就会发现自己积累的东西毫无用处。英国 19 世纪著名的设计师威廉·莫里斯（William Morris）说过："在你的房子里不要有任何你知道没用或相信是不美的东西。"这是我读过的最好的人生格言。这个世界不需要那些为了给别人留下深刻印象而积累自己不想要或不需要的东西的人。我们在真正需要的东西上消耗资源的速度已经够快了。

众所周知，我们应该放弃赢得他人认可的内在需求。对我们中的一些人来说，这可能是一件很难做到的事情。你想不承认正在发生的事情，那是不可能的。更重要的是，你永远不会有足够的满足感来证明你已经成功了。一旦你接受了因为别人的想法而收集你不想要的东西（实际上很可能别人也不想要），训练自己停下来就更容易了。

特蕾莎修女和甘地的事实证明，你真的不需要那么多东西去赢得尊重和认可。然而，我们也可以找一个更贴切的例子。我敢打赌，你肯定有叔叔、老师、邻居或朋友广受尊敬，但他们不会用什么东西去讨好别人。想想他们，相信你自己会给别人留下深刻的印象，不是因为你拥有什么，而是因为你是谁。

法则 081：不要跟别人攀比。

需要打破的法则

082

掩盖你的错误

我的哥哥上大学时和他的一个朋友就某个单词的拼写发生了争执。争论是友好的，但相当激烈，因为他们都确信自己是对的，谁也不准备放弃。最后，那个朋友说："好吧。我要在字典里查一下。"说完他就回自己的房间去了。五分钟后他还没有出现，我的哥哥就去找他。他打开朋友的房间门，发现他跪在地板上翻着字典，手里拿着一瓶涂改液，一副因被逮个正着而非常害羞和尴尬的样子。㊀

从一开始就很清楚，他们中的一个肯定是错的，尽管他们俩都确信是对方错了。事实是，没有人每次都是对的。而且，你知道，可能是你错了。你也有犯错的时候。

我并不是建议你不断地怀疑自己，但是，当你发现自己处于这种情况时，就想想那可能就是你自己。没关系，即使是最聪明、

㊀ 同样是这位朋友创造了我最喜欢的一句话。在一个类似的场合，事实证明他是对的，他说："当你确信自己是对的的时候，感觉很好。"

最有见识、最有经验、最见多识广的人偶尔也会犯错。所以，你就算错了也没关系。犯错不会让你变得愚蠢甚至无知。

此外，当你错的时候坚持你是对的，会让你看起来傲慢又固执。很有可能，就像我哥哥的朋友一样，显得非常愚蠢。所以，无论你与对方争论的是宗教还是政治，争论某件事是谁的错、谁拥有什么或者一个单词如何拼写，只要记住，如果事实证明你错了，那也没关系，但前提是你要以开放的心态对待这个话题。不要把自己逼到一个角落，让犯错的你看起来很傻。

这不仅仅是关于你和你给人的印象，还关系到对方以及你如何对待他们。你没有任何借口可以表现得粗鲁、专横、霸道或不听别人的意见。如果你在讨论中确信你是对的，但对方看不到这一点，你可能会认为他们就是愚蠢的。即使你是对的，也不能这样想。

所以，即使你这次确实是对的，也不要让对方感到尴尬，任何时候都要记住法则 74。你忘了那条法则了吗？回头去瞧瞧，然后再回来。

法则 082：记住，你可能错了——总得有人去犯错。

需要打破的法则 083

活在当下

很明显，从字面上来说，“活在当下”意味着“现在”是你唯一能生活的时间。实际上，这条法则的意思是专注于现在发生的事情，忽视过去或未来。当然，如果你欣赏和享受你现在所拥有的，你会有更多的乐趣。活在当下可以让你不再感到焦虑或担心那些你无法改变的事情。

但如果当下没有多少乐趣怎么办呢？假设你已经焦虑不安或极度悲伤。在这种情况下，完全活在当下似乎并不那么明智。当然，为了解决问题，你需要着眼于当下。但是，让自己沉浸在痛苦中有什么意义呢？当这种情况发生时，最好的做法是展望未来或回忆过去。

关于活在当下的好处，人们笼统地谈论了太多废话。有些人试图让你觉得这是一种永久的状态。当然，当事情进展顺利时，如果你顺其自然，享受自我，你会感觉更好。但现实生活也有过去和未来，这些不应该被忽视。有时享受“现在”[㊀]是一件好事。但有时忽视未来只会为以后埋下隐患。没有唯一正确的生活状态，因为生活远比这复杂得多。

切换视角的最大好处是你可以掌控距离。回忆过去能让你看到自己走了多远，也能让你想起一直陪伴着你的好朋友和曾拥有的好时光，从而让你现在感觉很好。

展望未来是处理当前问题、危机和灾难的好方法。问问自己，这在六个月或两年后会有多大影响。偶尔会有重要的事情发生，但实际上发生次数很少，而且相隔甚远。梦想和计划也很好，它们能激励你继续前进。所以，展望未来并没有错。

你要避免的是过于专注过去或未来，从而错过现在正在发生的事情。这就好比你太过努力地摆姿势以拍出一张完美的照片，以至于动作僵持。照片应该是用来唤起回忆的，但实际上你拥有的只有照片，没有其他记忆，因为你当时没有集中注意力。在生活中不要这样做。在事情发生的时候，你要有所察觉。如果你不这样做，你就会浪费时间去计划未来，当未来成为过去时，你便不会记起。

然而，如果你有闲暇时间、反思的间歇、分析或沉思的时段，你就可以回顾过去、展望未来，以便给自己一个看待现在的视角，让你的生活更立体。

法则 083：保持正确的视角。

㊀ 抱歉，我在格拉斯顿伯里住了太久，喜欢说“现在”而不是“当下”。

需要打破的法则 084

知道自己想要什么

有些人似乎天生就有一种内在的意识，知道自己想要什么及要去哪里。如果你也是这样的人，那么，你可以认为自己非常幸运。拥有内在意识是一件很棒的事情。如果你不是这样的人，那么，当你在学业、工作、人际关系等方面做出选择时，生活就不会那么容易了。

那些知道自己想要什么的人往往会认为你应该像他们一样。他们会说："加油！制订一个计划吧！"这句话的意思是，你没有上进心或方向感，这在某种程度上是你自己的错。相信我，这不是你的错。如果世界上到处都是知道自己想要什么以及如何得到自己想要的东西的人，我可以想象，世界会比现在更加残酷和咄咄逼人。所以，谢谢你做你自己。

然而，对你来说，这样做的风险在于你会随波逐流。在你 20 岁出头的时候，这可能无关紧要，但到了 40 岁的时候，如果你挣得很少，而且感觉自己的生活迷茫、光阴似箭，自己的信心也慢慢消逝，你就会感到沮丧，很可能会成为别人的负担。我见过这种情况，这很艰难。所以，如果你在 20 岁的时候感到前途渺茫，就立刻解决这个问题。不要月复一月、年复一年地等待，不要等到几十年后才采取行动。

你应该采取什么行动呢？首先，确保你在做一些有用的事情，而不是什么都不做。即使你不喜欢你的工作，也比失业要好。这是因为失业会削弱你的信心、自尊和减少你的银行存款，让你更难找到方向感。

大多数人在离开大学时并不知道自己想要什么，但几年之后，他们发现了一个令他们兴奋的方向。想想你的激情是什么，也许你会发现一个爱好，即使你看不出靠这个爱好谋生的方法。你可以在一家卖电脑游戏、运动器材或艺术材料的商店工作。你可能不喜欢当一名店员，但如果这意味着你要整天和那些与你有同样激情的人在一起，也许你会有不同的感觉。至少在你找到更好的职业之前，这份工作会让你忙个不停。

你要不断尝试新事物，探索新途径。你可以考虑回到大学或再培训，或者只是尝试一些真正不同的东西。如果你停止寻找、尝试和结识新朋友，我可以保证你永远找不到一份能激励你的工作。不要惊慌失措，不要给自己压力。你已经有了一份工作，所以你可以慢慢来。但是，一定要让自己找到新的选择和不同的工作。无论是在社交上还是在工作上，你都要保持警惕，随时准备尝试任何事情。你的时机一定会到来。

法则 084：你不必知道自己想要什么。

需要打破的法则 085

内疚可以使你认识到自己的错误

相信我，内疚是一种不好的情绪。不，不……不要因为感到内疚而内疚。我没说你是坏人，我是说内疚是件坏事。有些人之所以被负罪感蹂躏，多是因为他们的成长和教养、他们的宗教、他们的父母、他们的老师及他们过去的一些创伤。我意识到这是一个非常难以摆脱的习惯。内疚感给人一种安慰，就像任何上瘾一样，让人很难戒掉。但你必须放弃，即使这要花费你大半生的时间。

我年轻的时候有一个亲戚，她对任何事情都感到内疚。内疚的程度如此之深，以至于她不得不和她的朋友们谈论好几个小时商量对策。对于那些她觉得被自己冤枉了的人来说，这些都没有任何帮助，但至少这意味着她可以在几个小时里谈论自己和自己的感受。因为这所谓的内疚，就是你自己的感受。这是一种专注于自己的方式，不会让你觉得自我放纵，因为你用一盏灯照亮了你心灵中羞耻、黑暗的部分。即便如此，这也是一种对自己的间接恭维，因为你感到内疚意味着你心中在乎，所以你基本上是一个正派的人。

听着，我不是说永远不要感到内疚。我们都会内疚。但内疚应该只是良心的瞬间闪现，它提醒你搞砸了。重要的是你如何处理内疚感。你感觉到内疚（短暂地），处理内疚，然后内疚就消失了。如果你真的无法搞定内疚感，不管出于什么原因，你都需要放下内疚，因为这对任何人都没有帮助。

如果你觉得你对某人不好、忽视了某人、泄露了一个秘密或让某人失望了，你的内疚对那个人没有任何帮助。真的没有帮助！因为当你忙于思考自己的观点时，你没有时间去担心对方。

我不想太刻薄，因为大多数沉溺于内疚的人的内疚感都有一个复杂的成因，并且他们真的不是自私的人。另一方面，我确实想要苛刻一点，因为（如果这是你的话）你应该得到更好的，而不是花这么多时间责备自己。你正在损害你的自尊，你需要明白是怎么回事才能停下来。你真的必须停下来。

你必须停下来的一个原因是你需要考虑那些你认为被你亏欠的人。在你考虑自己之前，赶紧去修复你与对方的关系吧。一旦你解决了这个问题，你就不需要考虑自己了，因为一切都会好起来。你可能会后悔你的所作所为，希望你能从中吸取教训，但你不需要感到内疚。

容易产生负罪感的一个普遍因素是人们对琐碎的事情感到内疚。我记得，我那位上了年纪的亲戚花了好几个小时为一个事实烦恼，她答应去看一个朋友，但后来发现她有一个会议，所以她不能去了。我不明白她为什么不直接打电话给那位朋友说："对不起，我搞错了，我的预约重复了。星期三晚上去看您，可以吗？”作为一个成年人，我现在明白了为什么她不能那样做。如果她解决了这个问题，就没有理由感到内疚了，而内疚感是如此美妙，可以让她沉溺其中，不是吗？

法则085：不要内疚。

需要打破的法则 086

总有人会让事情变得更好

当你还是个孩子的时候，如果事情出了问题，你的父母或其他亲戚会尽他们最大的努力来解决问题，给你一个拥抱，鼓励你，让你重新站起来。如果你没有这样的家庭，就会错过很多，但至少你可能学会了在没有外界帮助的情况下维持自己的生活。因为无论如何，再好的父母也会随着你慢慢长大而退出你的生活。他们知道，如果他们不这样做，你就永远学不会在失败后重新站起来。

你必须有能力让自己重新站起来。想象一下，你身体受伤了，需要重新学习走路。医院给你安装了一台机器，当你移动双腿时，机器能支撑你的体重。这听起来不错，但最终你需要离开机器，自己走路，除非你学会支撑自己的身体，否则你将无法做到独立行走。别人扶着你和你用自己的双腿承受重量是不一样的。

在生活中，你会经历一些情感上的打击——我们都会经历。如果你幸运的话，会有朋友和家人在你身边帮你恢复情绪。但最终你还是得自己去治愈自己。他们所能做的就是给你一点支持。事实上，一旦你可以自我治愈，你就会意识到你根本不需要别人。

这是一种更安全的生活方式，不是吗？当你被击倒时，你知道自己可以重新站起来。朋友和家人都是你的坚强后盾。但让人安心的是，虽然你可能想要他们的支持，但实际上你并不需要他们的支持。

这有点像戒烟（请耐心听我说）。很多人在试图戒烟时嚼尼古丁口香糖、吸电子烟或戴尼古丁贴片。那些成功戒烟的人认识到口香糖、电子烟和贴片都只是为了让你更容易戒烟，而不会直接帮你戒烟。只有你自己努力才能成功戒烟。一旦你明白了这一点，你就不再需要那些戒烟产品了。

所以，不要坐等别人来解决问题，也不要因为得不到支持而感到委屈，不要指望你的朋友能给你更多的帮助，也不要纳闷为什么其他人都让你失望。如果你不重新站起来，唯一让你失望的就是你自己。这很难，但却是事实。你越早明白，就能越早重新振作起来。

法则 086：振作起来，谁也不能替你做事。

需要打破的法则
087

仔细思考问题

当你遇到棘手的问题时，你是如何处理的？我们大多数人都思来想去，从这方面看，从那方面看，考虑所有的可能性、备选方案、方法和结果。这似乎是合乎逻辑的，直到你最终得到（且必须得到）最好的解决方案。

只不过，有时候你会发现，你越担心某件揪心事，就会变得越纠结。在你思想的显微镜下，问题变得更加复杂，而解决方案离你越来越远。你最终会更加困惑和沮丧，这个问题会一直困扰着你。你应该接受这份工作吗？你想要一个家庭吗？你适合上大学吗？这真的是一条正确的职业道路吗？

努力思考并不一定会让事情变得更好。相反，有时它会让事情变得更糟。忽略这个问题很难，所以你需要保持忙碌，用其他事情来填满你的大脑，让事情暂时翻篇。这与直觉相反，却可以让你更接近你想要的答案。

潜意识是非常强大的，如果你给它一个挑战，然后走开，它会在你没有意识的情况下继续质疑。通常它会给你找到一个答案，然后反馈给你。也许它会给你一些灵感、一个你没有考虑过的解决方案或者一种直觉，告诉你该走哪条路。

缝纫机是由一个叫伊莱亚斯·豪（Elias Howe）的人发明的。他的棘手问题是如何让针穿过织物，并从另一边接线。他花了数年时间研究这个难题。一天，他在工作台上睡着了，做了一个梦。他梦见自己被拿着长矛的食人族追赶。当他醒来时，他发现梦中所有的矛尖上都有洞。这就是他的答案之梦！他在针尖上打了个洞，而不是在普通手工针的末端打孔。对他来说，一场噩梦让他成为美国第二富有的人。

我不能许你这么多财富，但我可以告诉你，你的潜意识在解开谜团方面往往比你有意为之的效果更好。而且，就如伊莱亚斯的例子一样，潜意识会在得到答案时通知你。所以，如果你愿意，你可以直截了当地问你的潜意识："你好，潜意识，我有一个问题要问你……"然后你就不用管它了。保持忙碌，看看会发生什么。

法则087：努力思考并不总是有帮助。

需要打破的法则 088

缩小选择范围

嗯，我知道我说过，缩小选择范围可以帮助你停止对一个问题的担忧，只要静下心来解决这个问题即可。我坚持这一观点。然而，这并不是解决所有棘手问题的唯一方法。有时，你需要在实现目标之前或者超越目标之后尝试其他的东西。

我的一个儿子即将选择一门大学课程，或者他可能直接去艺术学校。他有很多选择，即使他选择了大学，他也不确定自己要学哪个专业。在这种情况下，人们会本能地做出一个基本的决定，比如选定艺术学校（或大学）。缩小选择范围可以控制局面，让问题看起来更容易处理。

但是，现在你需要做相反的事情。看看所有的选项，充分考虑它们。当你脑子里嗡嗡作响时，你需要某种直觉来告诉你该走哪条路。你得听从你的直觉。最好的方法就是思考所有你可以选择的路径，然后观察你的思考结果。请同时注意你对这些选项的直觉反应。

这比列出一长串利弊清单要简单得多，而且信息量也更大。最终，这些决定都是靠直觉做出的。监控你对每种可能性的反应。你是不是在无意识地找借口拒绝艺术学校？在大学里有没有一门课让你感到特别兴奋，哪怕这不是你明确表示的选择？

如果理论上有一个明确的最佳选择，你会知道的。如果有，而你还在犹豫，那是因为你内心深处不喜欢这个明确的选择。你可以花几天时间列出利弊，并且疯狂地想出更多的利弊。你也可以认识到这就是你正在做的事情，并研究其中的原因。

顺便说一句，我不喜欢权衡利弊。列一个利弊清单是可以的，以确保你没有错过任何一个选项。但你无法平衡它们，因为它们实际上没有任何重量。我知道这听起来很可笑，但我的意思是你不能拿相似的东西做比较。做某件事可能有 50 个赞成的理由，而反对的理由只有一个，但这个理由可能是绝对的、压倒性的理由。也许你所列出的一切都指向一个特定的课程，但是，它成本太高，或者需要你去海外，你会讨厌的。所以，无论如何你都要确保自己考虑到了所有因素，并排除任何因为成本等原因而不可行的选项，然后听从你的直觉。你的直觉是任何重要决定的最终拍板者。

法则 088：看看所有选项。

需要打破的法则 089

制订了计划就要坚持执行

在你的一生中，总会有人告诉你要制订计划。任何事情都需要一个计划，也许是大计划，也许是小计划。因此，你需要制订一个从 A 地到 B 地的计划，一个按时完成所有工作的计划，一个获得从事 X 或 Y 工作所需的资格证书的计划，一个获得完美工作的计划，一个赚取购买汽车所需的额外收入的计划——你明白了吧。

一旦你制订了一个计划，你就必须坚持执行。这就是很多人失败的地方。

事实是，生活常常向你抛出变向曲线球。㊀当这种情况发生时，你的计划可能就会付诸东流。生活抛给你的曲线球可能是吉兆，也可能是凶兆，或者无关紧要，有时你直到几年后才知道它们的真实面貌。以下是一些可能发生在你身上的事情：

㊀ 你害怕自己住的地方没有这种板球？拉倒吧，变向曲线球随处可见。警惕！这种球的抛投需要一点技巧，击球员期望球向一个方向运动，而它却向另一个方向运动。

- 你热烈地爱上了一个渴望出国生活的人。
- 你被诊断出患有严重的疾病。
- 你在一个你从未考虑过的领域得到了一个很好的工作机会。
- 你（或你的伴侣）意外怀孕。
- 亲近的人突然去世。
- 你破产了。
- 新技术让你的工作变得多余。

生活抛给你的曲线球让你的人生悬而未决，你不知道它会落在哪里。是的，你要制订计划，但也要知道，你的生活没有被完全打乱，这是幸运还是倒霉呢？一点点的不可预测性可能是件好事。我认识一些人，他们经历了上述一些改变生活的遭遇，事后回顾往事，他们表现得多么积极啊！严重的疾病、意外怀孕、破产、裁员都没有打倒他们。有时这些事情预示着一个勇敢的新生活。只是在事情发生之前，你是不知道的。

有时候，即使没有生活抛来的曲线球，你也可以改变一下周围的事物，敞开心扉接纳新的可能性，拥抱一些悬而未决的事情。墨守成规是不行的。因此，无论动力来自你自己还是来自一个意想不到的方向，你都要时刻准备好被撞出轨道，即偏离人生的路线。

无论这段经历是积极的还是消极的，它都会让你疑惑：当你发现自己身处一个完全不同的境遇时，你究竟为什么要花这么大的力气来制订和开发一个完美的计划呢？我认识一个人，他纠结于是上大学还是上戏剧学院，结果却因为一个偶然事件在一个非洲使团工作了 15 年。

法则 089：生活是变化莫测的。

需要打破的法则 090

谁也不信

这条法则建议你在生活中不要相信任何人，这很容易，我也遇到过这样做的人。他们总是心神不定，焦虑不安，随时准备应付麻烦。我发现他们通常不是非常值得信赖。

在生活中，人们往往是付出什么就会得到什么。因此，如果你值得信赖、可靠，并表现出正直，你大体上也会得到相应的回报。前提是你不选择与不法之人混在一起，尽管他们中的一些人可能也值得信赖。人们宁愿善良，也宁愿被人喜欢。所以，他们不会无缘无故地背弃信任。当然，结果并不总是这样乐观，但这几乎是每个人的心愿。

如果你不给别人机会来证明他们是值得信任的，他们就会警惕起来，怨恨你对他们缺乏信心。这让他们不太可能对你友好。所以，为什么不先期望他们是可靠的人，并鼓励他们不负你的期望？被信任是一种赞美，人们会感激并回报。

听着，你选择相信别人也许会经历一些奇怪的遭遇，我不否认这一点，但这会比你一生不相信别人遭遇的不幸少很多。这就是别人对你不信任他们的回应。

你可能没有意识到，你对别人不信任你的反馈是一样的。如果人们认为你值得信赖，我猜你会尽最大努力不让他们失望。然而，如果你感觉到某人不信任你，就不会因为让他们失望而感到内疚。听起来是不是很熟悉？

一生不相信别人的感觉是一种痛苦的存在。你永远不能放松，你总是感到失望和沮丧。信任的必要性并不在于对方是否会做到，而是在于，如果你变成了那种谁也不信的人，你会遭遇什么。信任是一种美妙的感觉，它带来了所有的爱和安全感，所以，为什么要否认自己呢？这是愚蠢的行为。

当你在逆境中邂逅一个值得信任的人时，你得到的快乐值得你失望 100 次。我在报纸上读到一个故事，说一个男人与一个无家可归的流浪汉成为朋友，给他提供食物和衣服，最后甚至给了他一份工作。我们中有多少人能表现出那样的信任？但流浪汉没有辜负那个男人的期望，他重新站了起来。对于投资他的那个慷慨的家伙来说，这真是太值啦。最后，要想知道一个人是否值得信任，唯一的方法就是亲自去试一试。

法则 090：相信每一个人。

需要打破的法则 091

相信每一个人

哦，如果我愿意，我可以反驳这条法则。但事实上，你必须是一个值得信任的人，这样你才能对自己和生活感到安心。但你没必要犯傻。

这一切都关乎利害关系。如果这个人让你失望了，会有多大的影响呢？你是否把一件小差事、一个重大责任、一个重大秘密、一把锋利的刀或你毕生的积蓄托付给了他？

每个人都可以被信任去做一些事情。你可以相信你的妈妈会爱你。你的老板是可以信任的，他会提醒你什么时候你搞砸了。你可以相信小偷会去偷东西。当你开始信任某人时，你需要权衡一下你对他们的信心有多强大，如果他们让你失望了，又会对你产生多大影响。

所以，你可以将“相信每一个人”作为默认设置，但要知道这种信任的极限在哪里。如果你在和你认识并爱了一辈子的人打交道，你可能把你的一大笔钱托付给他们，因为他们总是按时回报你。或者，你可能不相信他们，因为他们想把钱用在他们自己的新业务上，而且他们有不良投资的历史。

然而，你可能会把同样的钱交给一个完全陌生的人，他是一位亲密和值得信赖的朋友推荐给你的合格的投资经理。你看到了什么？信任，是的。但不是盲目信任。

我有一个朋友，我从不相信他会准时出席社交活动。真让人恼火。不过，在危急时刻，我可以指望他毫不犹豫地挡在我和危险之间。我信任他吗？是的，但这取决于信任的领域。因此，在邀请他参加派对之前，我会先权衡一下他在按时到场的问题上让我失望的可能性是多少（至少 99%）和这件事对我的影响（微乎其微）。

如果我在权衡要不要把家里的钥匙交给一个陌生人、要不要把一个我不想泄露的秘密告诉一个朋友、要不要让我的孩子穿过一条繁忙的马路或者要不要让同事帮我拿咖啡，我可能会得出不同的答案。我会考虑我所知道的他们的过往记录，我会考虑违背信任会造成多大的影响，我会考虑信任比不信任更重要的因素，然后我会想出恰当的答案。

信任是一件私人的事情，它与你对这个人的细微差别和直觉有很大关系。相信别人是他们真实的自己，而不是你想要他们成为的人。我有可以托付一生的朋友，但我不一定会让他们照顾我的猫。

法则 091：谁也不信。

需要打破的法则

092

你可以偶尔发发牢骚

你可以向你的父母、伴侣和亲密的朋友抱怨，当然，他们也可以冲你发牢骚。就是如此。对其他人来说，不管你感觉如何，你都要表现出快乐的样子。你可以提及负面的东西，但你不能抱怨不止。笑一笑，继续生活。

为什么？因为抱怨会成为习惯，抱怨的话听起来也不讨喜。你越沉浸在抱怨中，你就抱怨得越多。这会让你失望，也会让那些不得不听的人失望。

爱抱怨的人让人痛苦。首先，抱怨的话听起来相当令人沮丧。其次，抱怨的人通常谈论他们自己，所以这是一种高度以自我为中心的对话。最后，那就是接受抱怨的人可能有更严重的抱怨倾向，他们真不想听别人的碎碎念。所以，抱怨的人不会给人留下好印象，也不会讨人喜欢。

如果你养成了寻找消极因素的习惯，就总能找到负面的东西。

如果你任由自己的思想停留在糟心的事情上，就会容易发牢骚。你会越来越擅长找事情抱怨。如果没有什么严重的事情，你就会抱怨鸡毛蒜皮的小事。我见过很多像屹耳[㊀]一样的人，当他们让周围的人感到沮丧时，他们貌似感到了前所未有的快乐。

不过，我也遇到过很多积极乐观的人。他们的生活被各种各样的问题所困扰，但他们始终保持着快乐的心态。这让他们感觉更好。我认识一些性格开朗的截瘫患者、积极的癌症患者，还有一个朋友，她的儿子在车祸中丧生后，她仍然能寻找光明的一面。所有这些都表明抱怨与你的处境无关，而是与你自己有关。积极思考，你就会感到积极向上。

当有人问你过得怎么样时，不要说“苦苦挣扎”或“不敢抱怨”。这种表达让你觉得生活是一种艰难的尝试，是的，即使你认为这只是一种表达，它仍然会影响你的潜意识，似乎会让别人问你出了什么事，这样你就可以抱怨了。告诉别人，你感觉很好。真的，你会好受很多。

关于如何讨论坏事情，我有话要说。你可以告诉别人你今天早上糟糕的上班之旅，而不必带有丝毫的抱怨情绪。告诉他们事实就可以。最好把它变成一个有趣的故事，因为这也会帮助你放松下来。当你需要的时候，你也可以传递坏消息。你的态度和你选择的词语将决定这是一次抱怨还是一场对话。这是你讲故事的方式。

现在，正如我之前说过的，本书中的法则不应该总是被打破，

㊀ 《小熊维尼和蜂蜜树》中的角色，一头十分悲观的灰色毛驴，小熊维尼的朋友。——译者注

你确实可以偶尔抱怨一番。只要你把抱怨的对象限制在朋友和家人的小圈子里，并确保除了你的父母，其他的抱怨都是互相的。

法则 092：有人抱怨，也有人顺其自然。

需要打破的法则
093

不要为了一段感情而牺牲自己

我有一个朋友，他到现在还是孤家寡人。我想他最长的一段恋爱仅仅维系了六个月左右的时间。也许我应该正确看待这个问题，补充一句，他已经快 40 岁了。当我和他谈论这件事的时候，他总是说他很想找到合适的人，但在恋爱关系中，他不必为了适应对方的生活而做出牺牲。

如果你快 40 岁了，还没有一段正儿八经的感情，我想你会觉得这条法则很有道理。我当然认识很多二三十岁的人持有这种观点。我也认识几个经历过不幸婚姻的离异者，他们都以这种态度来寻求庇护。

然而，如果你足够幸运地拥有（或者曾经拥有过）一段真正牢固的关系，你就会知道事情并不是这样的。或者，更确切地说，像我朋友这样的人试图避免的实际上是妥协，但他们无法区分妥协和牺牲。我们来澄清一下牺牲和妥协之间的区别。

牺牲是指你放弃一些东西而不获得任何个人利益，尤其是当你的伴侣没有回报给你的时候。这在一段关系中是不健康的，没有一个正派的伴侣会故意要求你这么做。

妥协是指你们双方都放弃一些东西，或者为了找到一个双方都能接受的中心位置而做出调整。最重要的是，妥协对你个人来说比无法达成一致更有利。这是因为，如果妥协加强了你们的关系，而你和你的伴侣各取所需，那么，总的来说，你会获得好处。这种取舍是有益的。你们可以在一些事情上各让一半，比如，你们打算花多少钱度假。你们也可以做出不同的让步，比如，你们中的一个人承包所有的家庭采购事宜，而另一个人包揽家里所有的洗衣工作。

一段良好的关系离开妥协是维持不下去的，因为你认为任何两种生活都可以如此完美地契合的想法是不现实的，还因为你们必须相互适应才能确保你们的承诺得以实现。如果你们两个人各玩各的，那就不是真正的爱情关系。你们还不如分道扬镳，你不会察觉到差异的。妥协就是让你们相互交融，这样才能创造感情的纽带。这并不是说所有的妥协都是值得的，或者每一段需要妥协的关系都会成功。但是，任何关系，无论其潜力有多大，都不可能在无妥协的环境中茁壮成长。

法则093：有妥协的感情值得拥有。

需要打破的法则 094

感觉应该是理性的

当我还是个孩子的时候，我说过我很沮丧、生气、失望或受伤。我经常被告知“这没有道理”，然后被迫接受我的感觉不理性的解释，言下之意就是我的感觉不合理。也许，你容易被别人说的话中伤是“不理智的”，或者你在自己生出事端时生气是“不合逻辑的”。

如果有人对你说过这样的话，我现在可以向你保证，他们错了。你的感觉是什么样就是什么样。别把“对”与“错”掺和进来。它们是种感受，而不是思想。理性思考有对有错，逻辑论证有对有错，但感觉只是感觉而已，不要跟我论对错。

我们有想要的感觉和不想要的感觉。我们有可以大声说出的感觉和不应该表达的感觉。我们有喜欢的感觉和不喜欢的感觉。我们有分享想法的感觉和只能把心事藏在心底的感觉。这些感觉都不是错误的或不合理的，即使表达出来可能并不总是合适的。

随着时间的推移，你确实可以改变你的感觉，即你的情绪反应。但在你开始适应你的感觉之前，你需要首先接受你大脑的自然反应。告诉自己不应该有这种感觉或不应该有那种感觉是没有用的。当然，如果你不喜欢这种感觉，你可以努力去改变。

我认识一些人，他们承认自己有一种糟糕的感觉。例如，他们有一个最心爱的孩子，或者他们不喜欢某个只善待他们的人。嗯，显然这些感觉不应该被付诸行动，甚至不应该被公开谈论，但它们依然存在。只有认识到这些感觉，你才有希望解决它们，并最终改变它们。

如果有人说你没有权利生气、你不应该难过、你没有理由感到遗憾、你应该感激或者你不应该感到受伤，那么，我给你完整的授权[一]，你可以完全无视他们（但要礼貌）。你只感受自己的感觉即可。事实上，如果你以“我感觉”开头，然后又被“但是……”打断，这几乎总是意味着对方要试图否定你的感受。最好的回答是坚定地重复“我感觉……”。

有感觉不是坏事。如果你不喜欢某种感觉，那么，你可以试着改变它，但不要为此感到内疚。人们建议你应该在感情方面保持理性，这暗示着你可以控制自己的感情。反之，这意味着，如果你有“不应该”的感觉，你应该受到责备。事实并非如此。你可以控制自己是否将感受表达出来，以及以何种方式表达，但你不能对自己本能的情绪反应负责。

法则 094：感觉没有对或错，它们就是对或错。

[一] 虽然我的授权不值什么钱，但也许能帮上忙。你最好也给自己一个授权。

需要打破的法则
095

吃吃喝喝，及时行乐

享受生活并没有什么错，我当然不提倡在食物和饮料方面过度节制。但这条法则暗示的收场白是“因为明天我们将死去”。虽然不可否认我们最终都会死去，但没有必要这么匆忙赴死。所以，无论如何都要开心，但不要像这条法则暗示的那样鲁莽。

年轻的时候很难相信自己会死。随着生活的继续，有些人的生命将半途而止，迟早——如果你不是他们中的一员——你会意识到“命悬一线”中的那根线是多么细小，割断生命之线的那一天终究会到来。生命比看起来的更脆弱，而死亡对那些亲近的人来说是毁灭性的。除非你亲身经历过，否则很难释然，但有些悲伤会永远持续下去，甚至毁掉你的生活。而这往往是由最简单、最轻率的行为造成的。

我认识一个小伙子，他和一个喝多了的朋友上了一辆车。他是个很棒的人，开车时从不喝酒，但出于某种疯狂的原因，他让别人喝酒，然后开车送对方回家。但是，他从来没有去过那个地方。我想他以前也干过很多次，而且总能侥幸逃脱。这是一个很大的错误。你觉得以前一直没事，这次也会没事。但实际上，以前你越是觉得自己没事，你的幸运悄然流失的概率就越高。[㊀]

这位小伙子在车祸中丧生，他的妈妈在脖子后面文了一个“愿灵安眠”以安抚儿子的亡灵。几个月后，她和另一个年轻人谈论不要开得太快的话题。那个年轻人说，他知道他应该慢下来，但不知怎的他没有慢下来。于是她给他看了她脖子后面的字，并说：“你回家后，看看你自己的妈妈，想想你死后她应该把这四个字文在哪里。”

为了我们的父母、兄弟姐妹、孩子、朋友和我们周围的每一个人，我们应该尽自己最大的努力活下去。我们的生命不仅仅是我们自己的，我们还与我们所爱的人分享我们的生命，我们有责任让他们对驾驶、饮酒、危险运动、犯罪和其他任何可能威胁我们的事情保持理智。我不是说即使你想学跳伞也应该放弃，而是要告诉你认真对待安全问题。这并不会让你成为一个胆小的人，这只意味着你很负责任，以及你关心身边的人。如果你因为不关心自己的安全而死去，你觉得这会让最爱你的人多生气？照顾好自己是照顾他们最好的方式。

法则095：保持活力，战斗到最后一刻。

㊀ 数学家们请不要写信来探讨“概率”问题。

需要打破的法则 096

我得不到我想要的

有句话我小时候听过很多次，如今，当我外出时，我还能听到其他父母说这样的话。甚至当我长成年轻小伙的时候，我也没搞明白那是什么意思。当你告诉父母你想要什么时，他们会说“光想要是得不到的”，然后他们也不会给你。所以，下次你想要什么东西的时候，你要小心地避免提及这个事实，反正他们也不会给你。孩童时代的我认为“我根本得不到我想要的”。

嗯，作为一个孩子，也许你的处境很糟糕。然而，作为一个成年人，“我想要”是你努力的唯一动力。不管你小时候的条件如何，你都需要学会清楚和具体地知道你想要什么。如果你不能解释你想要什么，你怎么能指望别人给你呢？无论是在恋爱中还是在工作中，抑或是在与朋友、家人、银行专员的交谈中，你都必须能够说出你想要什么。

当然，你会要求合理的东西，并且你会礼貌地要求。没有必要以威胁的方式提出要求，也没有必要期待在毫无质疑或妥协的情况下得到东西。礼貌在任何时候都应该占据主导地位，因为你是一个体面的人，而且其他的选择不太可能奏效。

我究竟是什么意思呢？我的意思是，一个高度文明的时代可能并不鼓励你一开口就说“我想要”，而是建议你说：“请问我可以……吗？”这是一个简单的礼仪问题。即便如此，当重要的事情发生时，你直接说出自己的愿望会让别人更明白。

例如，如果你想加薪，除非你提出要求，否则你永远不会得到加薪。如果你用“请问我可以……吗”的语气恭敬地请求，那就意味着你在请求帮助，而实际上你是在提出要求。你要礼貌地说：“我相信我的价值比我现在得到的报酬要高，我希望能通过加薪反映出这一点。”显然，你必须证明这一点，但如果你配得上，你完全有权以这种方式摊牌。这表明这是一种公平的交换，即用你的劳动换取对方的金钱。

在恋爱中，如果你需要讨论问题，你当然应该带着尊重和考虑去执行。如果你能说“我希望我们俩各自洗自己的衣服”或者“我希望每周至少一起出去吃一次饭”，你仍然可以帮助你的伴侣。这使你们双方都能更容易地看到解决方案必须符合哪些标准。

所以，在任何时候你都要礼貌和友好。但是，你想要什么就直接说出来，不然别人怎么能判断你的要求合不合适呢？

法则 096：想要什么就直接说。

需要打破的法则 097

没有坏就不用修

我想，这条法则适用于生活中的一些东西，比如，橱柜门没有破就不用修补，饼干没有碎就不用再备一份。但是，大多数复杂的东西，即使没有被损坏，也至少需要维护，或者很快得到修护。你的汽车可能跑得很好，但如果你想让它在一两年后还能保持良好的状态，那你就得好好保养它。

如果你的生活没有崩溃，那并不意味着你可以漫无目的地苟且偷生，等着下一个坑把你绊倒。如果你不看前方的路，迟早会掉进大坑里。在你 20 岁的时候，这可能很有趣，但到了 40 岁，你会困惑为什么你还没有取得实质性进展。

你必须好好学习，不断为自己设定指标、梦想、抱负和目标。足够好依然不够好，你可以做得更好。一旦你的生活开始变得过于舒适，就稍微改变一下。不要等到东西坏了才去修补。找一些新的刺激让你充满活力，比如一些让你保持兴奋的挑战。

否则，你将感到无聊。你很容易以一种舒适的、尚未崩溃的方式继续无聊下去，直到你意识到时光飞逝，而你却一事无成。你离开后会留下什么？一个舒适的停滞，就像一个没人坐的舒适垫子？这对你来说够好了吗？不应该是这样的。人生是一种奇妙的、令人兴奋的、惊心动魄的、迷倒众生的馈赠。如果我们有幸来到这个世上，我们应该努力证明自己存在的价值。

找到你自己的方式来证明生命的意义，任何适合你的方式都行。我不在乎你是拯救流浪狗、创造精彩的艺术品、传承一项古老的技艺、投身于政治、帮助病人还是设计一座花园，只要你继续寻找方法来报答在这个世上生活一辈子的恩赐就行。向命运、老天或任何你相信的人表明你没有浪费生命，你在充分利用你的时间。

当涉及你的生活琐事时，我想说，“没有坏就不用修”是你能得到的最失败的事。我们是破茧法则玩家。我们咆哮，我们呐喊，我们让自己的声音被世界听到——在某个地方，有人会欣赏我们的声音。所以，我们不要再听这种愚蠢的、无聊的、随波逐流的话了。即使没有坏，也得升升级，这是让事情好转的起点。

法则097：登高望远。

需要打破的法则 098

给自己找一份安稳的工作

我不确定还有什么安稳的工作。然而，有些工作比其他工作更安稳。这个世界将永远需要会计师、销售人员和公务员，至少在未来几十年内是这样。对一些人来说，数字有一种魅力，会计真的很吸引人，或者销售正好符合他们的竞争意识和与人交往的兴趣。

然而，假设你真正的激情在于冬季运动、电影或野生动物。很多人（大多数比你年长）会告诉你，你永远不会找到一份稳定的工作，比如雪橇师、演员或野生动物摄影师。他们会敦促你选择一个你能找到的相对轻松的工作，你可以长期从事那份工作。他们会说你的梦想不切实际、不现实，你永远找不到一份体面的工作，或者，即使你找到了，也不会长久。

许多人认为，任何形式的自由职业或自主创业本质上都太冒险了。他们会建议你让别人给你发工资，这样你会更安稳。

然而，我的观察是，虽然这对那些渴望成为零售商、护士或教师的人非常有效，但对那些不想成为零售商、护士或教师的人却不奏效。几年后，你完全不会因为没有成为一名宇航员而感到安全、安心和放心。你会沮丧地度过你的一生，感觉被束缚在你越来越讨厌的工作中，因为它与你想要的背道而驰。也许你已经这样好几年了。

此外，我从来不曾遇见后悔追随自己激情的人。即使他们的心愿没有实现，或者几年后他们把激情从自己的身体里剔除，罢手去做别的事，他们看起来都十分快乐和满足。是的，即使他们的钱财和工作保障比他们本来可以拥有的要少得多，他们也会快乐下去。

就像其他事情一样，你必须努力追随你的梦想。成为摇滚明星、杂技演员、探险家、国会议员或烟火师的人可能不多，但有些人做到了，你可能就是其中之一。如果你花了足够的精力去探索你需要为自己的梦想做点什么，然后确保自己符合要求，为什么不试一试呢？最坏的结果是什么？

听着，即使你最终从事的工作并不能激发你的灵感，或者你尝试了理想的工作但没有成功，你也会比从未尝试过更满足。

法则098：追随自己的激情。

需要打破的法则 099

保管好自己的财物

我的祖母收集了很多绝妙的服装，这些都是她一生中在旅行和剧院工作时收集的。当她年龄大了以后，她把它们都塞进了一个箱子里。当我们还是孩子的时候，我们会用这些服装来打扮自己。坦率地说，正如我母亲经常指出的那样，它们实在是太好看了，不应该被毁掉，可我们还是不亦乐乎地搞破坏。祖母总是挥手让母亲走开："亲爱的，我不在乎。人比东西更重要。"

从表面上看，这是如此明显，以至于几乎不值得一提。然而，当你自己的财产受到威胁时，你很容易忘记这一点。我仍然不确定祖母对这些服装的说法是否正确（作为十几岁的孩子，如果那些年祖母禁止我们破坏掉这些服装，其中一些衣服倒符合我们的审美），但我经常看到人们对财产过于担心，以至于影响了人际关系。

有些人宁愿和邻居闹翻，也不愿把一寸土地或一段篱笆让给邻居，而这些土地本来就很可能属于邻居。我知道有些人不会把完全可以更换的东西借给别人，以防它们被人损坏，尽管这可能会损害他们与对方的关系。当我们还是孩子的时候，我有一个亲戚几乎从不来看我，因为她太担心她不在家时房子会出事。我在很多人的家时房子都会感到不自在，我从来不能真正放松，因为我担心我会留下指纹，或者压扁他们精心夯实的坐垫。

大多数时候，人和东西之间没有冲突，你可以享受两者。但人们很容易陷入把财产放在首位的物质主义，甚至没有注意到自己在这么做。然后，当像我刚才举的例子那样的冲突出现时，你可能会犯本末倒置的错误。

听着，请随心所欲地拥有你想要且负担得起的东西，但要确保你不要让它控制你。把它牢牢地放在它该在的位置上，好好地和它“说话”，不要让它变得“傲慢”起来。只是一些东西而已。也许是很好的东西，但仍然只是东西。而人……每个人都是不可替代的。如果你失去了你拥有的所有物质，但只要你还有家人和朋友，你就会没事的。但反过来呢？

这条法则尤其适用于那些特别的人送给你的有感情价值的东西，或者让你想起你爱的人（甚至可能是已经去世的人）的东西。你当然会珍惜那些东西，但要记住，东西的价值只在于它们所代表的人。这个人本身（或者你对他们的记忆）要重要得多。所以，如果你弄丢了戒指、打碎了装饰品或撕毁了照片，这并不是世界末日。毕竟，这只是一件物品。

法则 099：人比东西更重要。

需要打破的法则 100

你不能中途换马

这种表述看着挺疯狂。你当然可以在中途换马。每一种情况都是不同的，但通常这是最明智的选择。许多传统法则之间相互矛盾，这条法则违背了“发现自己就在坑中，就不要再挖坑了”的原则——我觉得这条法则更有帮助。

如果你骑着一匹显然无法到达对岸的马，你为什么不换马呢？当你的生活或生活的任何一部分正走向灾难，甚至只是走向你不想去的地方时，我的建议是尽快改变方向。总有办法能让事情重回正轨。

我知道有些人在课程结束前就离开了学校，或者递交了辞呈并开始了一份全新的事业，或者在一段萎靡不振的感情变得更认真之前就结束关系了，在很多很多情况下，他们显然做出了正确的决定。

我要说的是，中途换马并不是最容易的选择。但这意味着几乎没有人在没有充分理由的情况下这么做。如果不是迫不得已，你为什么要做更艰难的选择呢？如果你确信这条路对你来说是正确的，那就勇往直前，做出改变。祝你好运，你有勇气放弃原来的道路，干得漂亮！

如果有更好的事情出现，你可以改变方向，此外，如果你意识到自己正走在一条黑暗且危险的道路上，你可以离开，也可以改变方向。在生活中，有时我们会迷失方向、养成坏习惯或结交坏朋友。不过没关系，因为我们可以中途换马。我们总是可以找到一匹新的白马，然后直奔光明。

我有时会听到一些读者困惑于他们发现自己的一生都在打破法则时该怎么办。听着，就算遵守法则的人每天也会打破法则。我们尽量不去想，但有时候事情并不如我们所愿。没关系，关键是每天都要重新开始。

这不是一种宗教信仰，这些法则只是让你生活得更快乐、更成功的指导方针。从现在开始，改变你所做的事情，没有什么法则是不能被打破的。如果你首次没有达到自己的标准，不要责备自己——永远不要自责。放自己一马，但不要停止努力。

法则 100：遵守真正的法则永远不会太迟。

第二章

附加法则：需要遵守的法则

我不想让你觉得我是为了鼓吹某种叛逆而打破法则。不，我必须在这里诚实地说，有一些事情是父母、老师和好心的朋友经常提起的，对你很有好处。棘手的是如何去辨识真正的法则。

有些事情，无论多么令人满意，为了它们而打破法则是没有意义的，你懂的。[⊖]如果这些法则是有意义的，那么，遵守法则会带来更多的满足感。随着时间的推移，破茧法则玩家真正擅长的是开发一种协调的“雷达”去快速评估各种建议，迅速决定哪些法则可以打破、哪些法则需要遵循。但这确实需要时间。所以，为了帮助校准你内心的“雷达”，我在这里列出了一些法则以便你快速辨别。

我总结了 10 条值得遵循的法则。我从来没有见过有人在遵循这些法则时犯过大错，你可以相信它们会很好地为你服务。

⊖ 是不是只有我这么想呢？

法则 001

没有人是一座孤岛

通常，这条法则是在某人切断自己与他人的联系时被提起的，而在这个过程中，有人可能会为了跟别人怄气而伤害自己。这条法则很正确。不管我们喜欢与否，我们的生活都与他人息息相关。我们做的每一件事，或者拒绝做的每一件事，都会影响到别人，而别人的行为也会影响到我们。当别人挡了我们的路或让我们心烦意乱时，这不是什么值得抱怨的事情。生活就是这样。更重要的是，如果有人支持我们，我们实现宏伟目标就会容易得多。

面对生命互相联系的本质，唯一合理的回应就是拥抱现实。我们与每个人都有联系，无论是我们经常见面的朋友、同事或家人，还是我们只听说过的世界另一端的陌生人。所以，永远不要把你的行为或决定与其后果分开。没有所谓的“附带伤害”，所有损失都应该从一开始就考虑在内。

社交媒体让这条法则比以往任何时候都更真实。它让我们更清楚地看到我们之间一直存在的联系。现在，你可以和素未谋面的新加坡人、秘鲁人或冰岛人建立友谊。你也可以在网上向新加坡人、秘鲁人或冰岛人发送具有挑衅性的信息。当然，破茧法则玩家从不这样做，因为他们理解并遵守这条法则。

你所做的每一个重要的选择（除了是否喝杯茶或看什么电视之类的琐事）都会影响到别人，你需要意识到它会产生的影响，并为此负责。假如你在社交媒体上发布了一些辱骂性的内容，你所针对的对象并不是一个名字或一条评论。那是一个真实的人。嗯，那是一个你恰好不认可的真实的人，但他仍然是一个充满激情和感情的人，谁知道他背后的故事呢？你不知道对方的信仰是如何形成的，也不知道对方生活中的挑战是什么，但你知道你发的帖子会产生影响。

即使你已经放下了手机或关掉了电脑，你仍然需要在工作中和家里做出决定，这些决定会像池塘里的涟漪一样对别人产生影响。你无法避免这一点，这也是人类如此奇妙的原因之一。是的，尽管这无疑会让一些决定变得更加困难。总的来说，切断自己与他人的联系是疯狂的做法，因为我们失去的将远远超过我们可能获得的短期利益。

我无法比原作者（有史以来伟大的作家之一）约翰·多恩（John Donne）更好地表达这条法则。你一定没有见过他，因为他是 17 世纪的作家。他在一种可能致命的疾病流行期间写下了这段感想——他自己也感染了这种疾病：

没有人是一座孤岛，可以自全；每个人都是一小块陆地，是整体的一部分。如果一块土被海水冲走了，欧洲大陆就会变小，就像一个海山甲的一角被海水冲走了，也像你的朋友或你自己的一部分领地被海水冲走了。任何一个人的死亡都会让我变得更小，因为我是人类的一部分。因此，不要问丧钟为谁而敲，它在为你而敲。(《没有人是一座孤岛》，冥想之十七）

你无法避免这一点，

这也是人类如此奇妙的原因之一。

法则
002

错加错不等于对[㊀]

为什么会有人认为两个错加起来等于一个对呢？一般来说，这是因为他们认为自己的行为是正当的，只是受到了错误的对待，因此他们认为这不是错。或者，更确切地说，他们故意把这当成错事。在内心深处，他们通常就是这么想的。

当有人做了伤害你、让你沮丧、激怒你或让你尴尬的事情时，你会很自然地想要以同样的方式回应。这是人的本性，但并不意味着这就是对的。这样做当然解决不了任何问题。事实上，这通常会使敌对状态升级，最终双方都可能犯下许多错误，但仍然没有一方是对的。

我记得，在大约 3 岁的时候，我打了班上的另一个小男孩。据我回忆，他不肯从摇摆木马上下来，我知道如果老师在场一定会打他。她不在，所以我替她做了。小男孩把老师叫过来告状。我本以为老师会感谢我，但令我惊讶和恐惧的是，她反而打了我。

㊀ 虽然说，三次右转就等于左转，乘法中负负得正，但这里是加法，错加错不等于对。

我仍然记得，我当时完全不知所措。打人是可以的，还是不可以的呢？我就是看不出我做错了什么。我现在明白了为什么英国学校禁止体罚，而体罚总是无处不在。如果错了，那就是错了。老师对我做同样的错事，她不是在纠正错误，而是让事情变得更糟。连我的孩子都能清晰地看出这个完美的逻辑。

如果你的邻居没有查看就砍下了你家越界的那棵树的上半段，那是错误的。然而，如果你把自己的车停在邻居的车的前面以阻止他们的车移动，这也是错误的。你只会让一切变得更糟，并堕落到他们的水平，实际上给了他们自由发挥的空间，让他们有借口大声播放音乐到深夜。在很多层面上你都做出了错误的选择，失去了道德制高点。

无论是小错还是大错，作用都是相互叠加的。从同事或家人之间的小争吵，到国际层面上的大论战，都是这样的。如果你去寻找例子的话，历史会证明这一点。如果你的兄弟姐妹把你的被单铺叠得让你睡不进去，你不应该报复，理由就在于此。这也是判死刑太残忍的原因。

无论是小错还是大错，作用都是相互叠加的。

法则 003

入乡随俗

我曾参加过一种葬礼（这个例子有点沉闷，但请听我说），在葬礼上每个人都穿着鲜艳的衣服，跳舞，放烟花。我也参加过另一种葬礼，在葬礼上每个人都穿着黑色衣服，轻声说话。我不敢想象（你也不敢想象）穿着华丽的衣服去参加第二种葬礼。那是不尊重人的。但我也不会穿黑色衣服去参加第一种葬礼。

同样，在其他更日常的情况下，我们也应该遵循同样的法则——你在工作中的行为方式，你在不同的朋友或家人面前使用的语言（特别是如果你喜欢骂人的话），你在海滩上或聚会上制造的噪声，你在与当地委员会或大学打交道时遵循的程序。

这是为了适应环境，而不是造成冒犯或干扰。虽然这是一个关乎尊重的问题，但不仅限于此。对你来说，表现得像你属于这里一样也会更有成效，即使这需要你付出努力。人们会更容易接受你，因此更倾向于给予你想要的——合作、帮助、支持、关注和尊重。

我的一个朋友坐火车越过泰国边境进入马来西亚。那是一条乡村铁路，非旅游路线，不对游客开放。这两个国家毗邻，但文化却截然不同。这位朋友在越过泰国边境后与一位年轻的、看起来很酷的马来西亚男子攀谈起来。他们聊到文化差异的话题。男子承认，他确实觉得她穿短裤和背心有点失礼。他礼貌地建议，为了在马来西亚（特别是非旅游路线）的每一次交流互动顺利，她最好穿上长一点的短裤和传统一点的 T 恤。

我知道，有些体制、组织、程序、着装规范、协议、家规很荒唐，至少对我们中的一些人来说是这样。为什么你要对穿什么、怎么称呼人、谁先发言、填什么文件都要斤斤计较呢？通常，法则的内容是什么不重要，重要的是你要遵循法则。是的，即使那些法则令人发疯也得遵循。这不是法则的问题，而是每个人都是法则的一部分。如果你反对某个体制，你实际上是在向它挑衅，这是非常粗鲁的。如果你真的很讨厌这个体制，那就去别的地方工作，或者找其他朋友，或者加入一个不同的俱乐部。但不要置身于一个制度下又采取不合作的态度。

我并不是说你没有抗议的余地。很明显，如果你强烈地感觉到一种方法是不道德的或错误的，就可以说出来。一种选择是从体制外部执行此操作，但有时你也要在你所在的公司或团体内部表明立场。即便如此，你也可以在没有实际行动的情况下为某事做宣传，比如，你可以在朝九晚五地工作的同时游说实行弹性工作时间。一般来说，如果你公开蔑视体制，就会制造不必要的敌意，从而破坏自己的前路。

法则的内容是什么不重要，重要的是你要遵循法则。

法则 004

不要以貌取人

许多年前，当我 20 岁出头的时候，我的上司离职了。取而代之的是一个叫迈克的新上司，我就是和他合不来。在我看来，他也不擅长这份工作。几个星期后，我去找他的部门经理，抱怨说我不能和他一起工作。这时我才发现，迈克也曾针对我向部门经理说过同样的话。部门经理把我们俩拉到一起，把我们的脑袋凑在了一起[㊀]，他做得太对了。迈克和我最终同意重新开始。

我不得不说，值得称赞的是，迈克真的重新开始了，我也一样，你知道吗？原来他是个很可爱的人，很有幽默感。我的判断是对的，他不擅长这份工作的某些方面，但是，他在其他方面很出色。对于自己不擅长的事情，他并不自负。他经常对我说："你最好处理好这件事。你比我做得好多了。"最终我们都离开了这家公司，但我们保持着非常密切的联系，仍然是亲密的朋友。

我从那件事中学到了很多。我差点失去了一个好朋友，因为

㊀ 当然，这只是比喻。

我一开始认为迈克是一个不合作的、浪费空间的人。从那以后，我给了我不喜欢的人第二次机会。我经常发现自己的判断有误。你知道吗，即使我的判断没有错，坚持一段时间看看对方是否有深藏不露的长处，也不会让我有什么损失。

我有一个远房亲戚，他是一个非常聪明的人，他建立了一个小小的商业帝国，然后卖掉了它，自己也退休了。就像德比郡（他的家乡）人说的那样："他还是有点价值的。"

但是，光看他的外表是看不出来的。他的衣服破烂不堪，头发蓬乱。我曾在高档商店或餐馆目睹过人们把他当成精神病患者、酒鬼，或者有什么说不清的"毛病"的人。事实上，他只是不重视衣着、外表或金钱等身外之物。坦率地说，这反而让人耳目一新。

是的，有些书的内容像其封面承诺的那样好，但你永远不应该这样假设。这就是为什么你要永远遵循这条法则。也许书中的情节偶尔会像你所怀疑的那样单薄，角色像你所怀疑的那样软弱。我们的原则就是要一页页地翻看，看看封面是否真实地反映了内容。

这并不是说你可能错了。你可能错判了某人。他们可能比你想象的更有价值。如果你不透过现象看本质，你会错过一些东西，就像如果我没有重新考虑自己最初的判断，我永远不会拥有迈克的友谊。

这与你对待他人的态度有关。我在生活中发现，当我对待那些我不喜欢的人时，如果他们值得我花时间去研究而我也确实去做了，我从他们那里得到的回应要远胜于我不花时间去研究的时候。如果我提高对别人的期望，他们对我的回应要远胜于我不指望他们什么的时候。这意味着，我得到了更多的合作，交到了更多的朋友，如此类推。给别人第二次机会，就等于给了自己第二次机会。

如果我提高对别人的期望，他们对我的回应要远胜于我不指望他们什么的时候。

法则 005

作用力和反作用力大小相等、方向相反

当然，这条法则就是牛顿第三运动定律，但同时也是与他人互动的法则。如果你对别人施压，他们就会反击。你不能责怪他们，他们只是在遵循自然法则。其中一个最明显的例子就是父母和青少年之间的关系。父母对孩子独立表现出的阻力越大，孩子就越叛逆。但这远不是唯一的例子。

这在一定程度上解释了为什么有些人会落入“错加错不等于对”的陷阱。请注意，这并不能证明本条法则是对的，但有助于解释本条法则。事实是，如果有人激怒你，你的本能就是报复。这是人类的本性，也是自然法则。你需要努力去抵制它，这是你必须做的。

再延伸一下本条法则。如果你反对别人，就必须接受他们会反击的事实。如果你进攻，他们就会处于防守状态。这意味着，作为破茧法则玩家，你的工作是确保你不会强迫别人，因为你总是会创造一个比你开始时更难解决的局面，也就是那个让你想要

强迫别人的局面。你使对方加强了抵抗，引入了更多的摩擦。好了，这种比喻说得够多了，但我们之所以用科学家用来描述自然法则的相同词汇来描述这些人类互动，正是因为这条法则在自然世界和人文世界都适用。

你知道“非牛顿流体”是什么吗？如果你轻轻地移动它，它会表现出液体状态；但如果你用力击打它，它会表现出固体状态。最好的例子就是用玉米粉做的蛋奶冻。

你可以用勺子搅拌蛋奶冻。但如果你在游泳池里装满蛋奶冻，然后踩在上面，你的脚撞击它的力量会让它像固体一样给出反作用力，所以你可以像在马路上一样跑过去。但如果你停下来，你就会像沉入液体一样沉下去。

这是一个很好的类比，告诉你如何应付与你意见不同的人。你要以达成一致而不是冲突为目标。如果你轻轻地、小心地处理问题，问题就能迎刃而解；但如果你使用武力，问题就会像一堵砖墙一样阻挡你。

当然，这条法则也有积极的一面，我希望你已经意识到了这一点。如果你给予别人，别人也会回报给你。也许不是马上回报，但如果你在生活中尽可能地慷慨，你会发现你对人性的评价会更高，因为人们会以同样的方式回应你。

如果你对别人施压，他们就会反击。

法则 006

天下没有免费的午餐

早在 19 世纪，美国的许多酒吧都会提供免费午餐。有时这些可能是像样的饭菜，当然，你想要在吃饭时加一杯饮料，也许是两杯，但饮料不是免费的。事实上，这里总会有陷阱。虽然愤世嫉俗可能不是一种理想的品质，但适当的质疑从来都不是坏事，尤其是当你得到的东西看起来好得令人难以置信的时候，因为那真有可能是陷阱。

任何商业组织都是以盈利为目标的。即使你看不出他们是如何从你身上赚钱的，但在正常的交易中，他们是会赚钱的。他们为你提供了免费抽奖以获取你的数据来出售，或者交易只是为了吸引你进入商店。买一送一（BOGOF）并不是真的免费给你一件东西，而是以半价卖给你两件商品。他们这么做的原因是，如若不然你可能一件都不会买。

保险公司已经计算清楚，总的来说，你支付给他们的保费比他们返还给你的赔付要多。这就是他们维持经营的方式。这就是为什么不值得为任何东西投保，除非它是法律要求的，或者如果它坏了、被弄丢了或被盗了，你负担不起更换它的费用。如果公司想让你做某件事，那是因为他们知道，较之你不做那件事，他们可以从你身上赚更多的钱。

那你的雇主呢？他们会给你提供各种奖励、津贴、丧假等，作为回报，他们希望你对他们更忠诚，对工作更投入、更努力。他们并不是圣人。

大多数的个人交易也是如此。也许交易不是你和你最亲密的家人和朋友进行的，尽管哲学家们可能会争辩说，他们仍然需要爱、认可或感激之类的东西作为回报。但是，你帮助别人，通常会被对方看作是你希望他知恩图报。

当然，有时候这些帮助或好处是值得接受的。有时候，买一送一对你来说是一种奖励，因为那件商品实际上已经在你的购物清单上了。所以，我不是说你不应该接受任何看起来免费的东西。我只是说，它实际上不是免费的，所以，你需要计算出真正的成本是多少，然后决定它是否仍然值得购买。睁大你的眼睛，适当质疑，小心陷阱。你可以从他人或公司的角度来看问题，弄清楚他们的意图。不要太天真，否则你会被剥削的。精明些，了解每笔交易的本质，这样你才能做出正确的选择。

睁大你的眼睛，适当质疑，小心陷阱。

法则 007

己所不欲，勿施于人

我还记得小时候有人对我说过这句话，这让我感到难堪。我想是因为说话者的语气总是听起来非常虚伪，而且针对的是我的某些不当行为。然而，现在我长大了，生活阅历更多了，我不能否认这条法则的含义确实如此。也就是说，遵循该法则的人比不遵循它的人更快乐。

我们想成为正派、美好、善良的人。有时我们会被情绪所征服，很难看明白正确的行为方式。这条法则提醒我们，其实很容易做到这一点。如果角色互换，你希望对方如何对待你？这就是你的答案。在任何棘手的情况下，你都应该这样对待别人。

当然，你必须诚实。如果你按照别人对你的方式行事，就会受到不好的对待，这对你自己是没有好处的。问题是，你希望别人怎样对待你？答案总是要提及礼貌和尊重。

这条法则主张我们要做一个正派的人，也主张保持道德制高点，还主张鼓励别人对你好。这不仅包括我们应该做什么，还包括人们也会模仿我们的行为。所以，如果你说话和做事总是彬彬有礼，你会得到同样的回应。也许不是每次都这样，但肯定大多数时候都是如此。

最后，要为自己赢得尊重的权利。如果你想自己被人善待，就有责任尊重他人、照顾他人、理解他人的观点并给予支持，寻找对你们双方都有效的问题解决方案。如果你做不到这一点，就没有道理期待同样的行为作为回应。这就是为什么即使有些人拒绝回报你的礼貌，你也必须继续彬彬有礼。

注意，这不仅适用于应对冲突，也适用于对店员微笑、感谢助人为乐的人、给服务员小费、在繁忙的十字路口让道给其他车辆以及帮助老太太过马路等日常之事。事实上，在生活中，你越是以你希望别人对待你的方式对待别人，就越容易自然地默认这种方式。

如果你想自己被人善待，就有责任尊重他人。

法则008

事实胜于雄辩

这听起来像是一个老掉牙的说法，但那是因为我要遵循的是传统形式的法则。当你想要争论、劝导、说服、辩论或给别人留下深刻印象时，你要知道如何让别人理解你的观点。

“事实胜于雄辩”这种老式的措辞需要修饰，但它的意思是合理的。也许更恰当的说法是“君子动口不动手”。听起来有点绕口，对吧？但它表明这些论战既可以是书面的，也可以是口头的。我很高兴，因为现在通常不会用唇枪舌战来解决争论，这条法则传达的信息是雄辩胜过任何形式的攻击。

我希望，作为破茧法则玩家，你知道暴力是不被接受的（除了自卫或保护他人免受攻击的极端情况）。然而，这条法则不仅包括不殴打或不攻击别人，还包括不威胁别人，你的言行举止中不可带有侮辱性。

很明显，我要说的是辱骂和暴力都违背了这条法则。然而，这不是唯一的症结。和本书中其他法则一样，我们需要从长远来看什么是真正有效的方法。事实是，辱骂和暴力都不如雄辩的效果。

无论你是需要写一封信，还是准备一些当面说的话，如果你想赢得一场争论，就需要有最有力的论据，而不仅仅是最有力的右勾拳。争论以言语取胜。如果你采取其他措施让对方闭嘴，并按照自己的方式行事，那么，你并没有真正赢得这场争论，只是让反对派噤声了而已。

如果你真的有更好的理由，就需要整合一个连贯的论点，让你的论证思路变得清晰，并赢得人们对你的思维方式的支持。你不能确定你是对的，除非你知道原因；但倘若你知道原因，你便可以向其他人解释这些原因。如果你觉得自己不善言辞，那就找一个善于言辞的人帮你找一些精选的短语、有说服力的例子或有力的论据来表达自己的观点。然后，你可以用逻辑和同理心让人们站在你这边。记住，如果你不要求他们输给你、让步或承认失败，那么，他们更有可能同意你的观点。试着让他们觉得你们是同一阵营的，这样他们就不会因为同意你而有任何损失。

如果这不起作用，考虑一种可能性，那就是，也许对方的情况实际上比你好……

如果你真的有更好的理由，就需要整合一个连贯的论点，让你的论证思路变得清晰，并赢得人们对你的思维方式的支持。

法则 009

火柴要保持干燥且远离儿童

我的一个朋友看到了一盒火柴上的这句箴言，立刻把它当成了人生的座右铭。然而，我在这里只是打个比方。潮湿了并没有什么大不了的（没有糟糕的天气，只有不合适的衣服），也总得靠近儿童。

在火柴盒上，这条指令的意思是明摆着的。假设你知道如何使用火柴（他们肯定知道你知道火柴的使用方法，因为盒子上没有使用说明书），你会很清楚，如果火柴是潮的，就不会起作用，而且把火柴交给一个 4 岁的孩子，真的不是什么好主意。

然而，虽然告诉火柴的用户保持干燥似乎没有必要，但令人惊讶的是，我们经常忽略这个显而易见的事实。我认识一个人，他只要喝一杯以上的酒，就会变得痛苦不堪，然后，如果他继续喝酒，就会变得好斗。他不是一个酒鬼，他会一连几周不喝酒，直到下一次社交活动到来，他会喝上三四杯葡萄酒或几杯啤酒，然后感到沮丧，做一些让他后悔的事情。你可能会认为他应该在喝完第一杯酒后就打住（或者甚至从一开始就滴酒不沾），但他似乎不愿意采取这一明显且明智的策略。

我的一个朋友总是和神经错乱的女人谈恋爱。每段恋情都没有好结果，因为这些女人的状态不适合谈恋爱，而他总是以心碎告终。他很清楚这种倾向，但每次他把朋友介绍给新女友时，他的朋友总是万分吃惊地发现她很可爱，并且和他以前的女友很相似。很明显，他身上的某些东西被需要情感支持的女人吸引。但是，既然他知道问题出在哪里，就应该听从他自己的建议去避开那些最需要情感支持的女人。

啊，是的，他应该听从自己的建议。你经常发现自己正在打破自己的法则，做一些你知道只会导致糟糕结果的事情，但你仍然坚持那样做。为什么？不要命了吗？过度乐观吗？你就是不想听从你不喜欢的建议，即使这些建议来自你自己？

有时，就像这些火柴一样，显而易见的常识也需要特别说明。如果你知道自己有着特殊的缺陷或感情脆弱之处，请多给自己一点语言上的告诫。如果有帮助的话，大声说出来，并听从自己的建议。在去派对的路上有意识地决定不喝酒，或者在你第一次遇到另一个迷人但需要情感支持的女人时退缩一下，大声告诉自己，等她准备好了再考虑采取行动。

瞧，你知道你的弱点在哪里。比如，你总是说一些你知道会引起你和你的伴侣争吵的话，或者你对那些你不希望在工作中发生但却需要处理的事情视而不见。其实，你只要学会多告诉自己一些显而易见的事情，然后听从你自己的建议。

有时，显而易见的常识也需要特别说明。

法则 010

给点时间去成长

有时候事情真的很糟糕。想一想那些可怕的、悲惨的、灾难性的糟心事。当你经历分手、丧亲之痛、自然灾害、裁员或其他创伤性事件时，在未来几天或几周的时间里，你可能很难看开。通常，你的大脑会苦苦挣扎着去应对已经发生的事情。如果这些事情是意料之外的，你可能会遭遇数月的"情绪休克"。

在这种时候，老调重弹和陈词滥调的法则是没有用的。当有人试图告诉你"时间是最好的治愈者"时，你很容易生气。你不想从别人那里听到这句话，因为这表明他们试图让你在尚未准备好之前就"继续前进"，因此他们并不真正理解你正在经历的事情。

尽管如此，我还是要这么说，因为你不能对我大喊大叫（反正我也听不见）。你可以对自己说出你对"继续前进"的抗议。不是因为是时候"继续前进"了（不知道这句恼人的话到底想表达什么意思），而是因为这能给你一些启发。

总有一天，你会接受你的父母去世、你被欺负、你失业或你离婚的事实。你可能永远不会为此感到高兴，但它最终会融入你的生活。我可以回顾自己过去经历的可怕事件，我们都可以做到。因为现在我接受了这是我自己的一部分的事实。正是这些事情成就了今天的我。事实上，当我从远处观察那些事情的时候，貌似一切正常。你的回忆不一定是很棒的，也不一定是快乐的，但还是可以的。我甚至可以说，一些当时真的很可怕的事情现在已经完全变好了，从长远来看，我可以看到我从这些事情中得到了什么经验教训。

我们要适应这些创伤性变化，关键是要明白，过去的常态已经消失，新的常态将会出现。是的，不管你喜不喜欢，一切都在运转。你可能不喜欢，也可能竭尽全力与之抗争，但总有一天，当你醒悟过来时，你不会注意到有什么不同，因为我们已经被同化了。这就是现在的情况。

所以，我想这条法则是说，当你体验那些非常困难的遭遇时，想象一下自己在两年、五年、十年后再回首往事的情景。这将帮助你明白这种悲惨的状态不会永远持续下去，不管你现在感觉如何，一切都会过去。纵然回首时总会有悲伤，但你终究可以选择何时忆往昔。一旦你找到了新的常态，它就会给你的生活带来新的快乐、新的热情和新的兴奋点。

过去的常态已经消失，新的常态将会出现。

第三章

其他不可错过的人生智慧

嗨，我要谈的不仅仅是你可以打破的法则。如果你很聪明，你会想要学习那些成功人士在生活、金钱、工作、人际关系、孩子、管理、思考、健康方面的行为方式。幸运的是，通过多年的观察、提炼、筛选和总结，我已经把真正有意义的东西变成了方便的小法则。

我一直希望不要把这些基本的法则延伸得太远，但根据读者的巨大需求，我已经解决了那些影响我们所有人的重大领域。因此，接下来，我会从我的其他法则书中挑出几条法则，让大家先睹为快。

我想看看读者朋友的想法。如果你们喜欢，每本书里都会追加几条其他法则书里的法则。

你会变老，但未必会变聪明

有一种观点认为，随着年龄的增长，我们会变得更聪明，恐怕事实并非如此。正常情况是，我们仍然像以前那样愚蠢，仍然犯很多错误，还创造了不同的新错误。我们确实从经验中学到了教训，也许不会再犯同样的错误，但错误就像泡菜罐，总是有一个全新的错误正等着我们掉进去。解决这一情况的秘诀是接受这一点。当你犯下新的错误时，不要自责。换句话说，这条法则其实就是：当你把事情搞砸时，要善待自己。请原谅自己，接受这一切都是成长的一部分，而循规蹈矩并不会让你更聪明。

回首往事，我们总能看到自己犯过的老错误，却看不见眼前正在步步逼近的新错误。说你明智，并不是说你不犯错，而是懂得在事后全身而退，让自己的尊严和理智完好无损。

年轻的时候，我们总是认为衰老似乎是发生在老年人身上的事情。但它确实发生在了所有人身上，我们别无选择，只能顺其自然，接受自己慢慢变老的事实。无论我们做什么，无论我们是谁，我们都会变老。随着年龄的增长，这种衰老过程似乎会加速。

你可以这样看：年龄越大，你犯错误的领域就越多。在一些我们没有指导方针的新领域，我们总会把事情处理得很糟糕——常常反应过度，还会出错。我们越灵活，越有冒险精神，越拥抱生活，就越会有更多的新途径等着我们去探索，当然我们也会一路上错误不断。

只要我们回顾过去，找出错误所在，下定决心不再重蹈覆辙，我们就没有什么可遗憾的了。记住，任何适用于你的法则也适用于你周围的其他人。他们也都在变老，也不是特别聪明。一旦你接受了这一点，你就会对自己和他人更加宽容和友善。

是的，随着年龄的增长，时间会治愈一切，事情会变得更好。毕竟，你犯的错误越多，你再犯新错误的可能性就越小。如果你在年轻时就改正了很多错误，那么，日后需要你艰难学习的东西就会少一些。这就是青春的意义，你有机会犯各种各样的错误，然后改正错误就好。

说你明智，并不是说你不犯错，而是懂得在事后全身而退，让自己的尊严和理智完好无损。

这不全是你的事儿

好了，是时候跟你说实话了：你最不需要的就是关注自己。

我不是想让你为难，不是想责备你把自己放在第一位，也不是想批评你太自负，而是想帮你。事实上，总是想着自己的人很少是快乐的。这不仅仅是我的观点，相关研究也表明了这一点。仔细想想，这并不奇怪。当你专注于自己（或其他事务）时，你一定会开始注意到那些并不是你想要的东西——你希望拥有的品质、金钱和人际关系。没有人的生活是完美的，有些事情是你无法改变的，或者至少现在不能。你花越多的时间思考这些缺点，它们就会在你的脑海中占据越重要的位置，当你觉得自己被轻视、被不公平对待或被忽视时，你就会变得越来越敏感。

我们都认识这样的人。他们不停地谈论自己，如果你试图把话题引向别处，他们就会把话题拉回到他们自己身上。他们认为一切都是围绕着他们转的——他们的老板重新安排了轮值表，目的是惩罚他们、伤害他们，或者出于某种原因让他们的生活更加困难，从来不是因为老板想要建立一个更有效率的系统，或者从来不是因为老板根本没关心过他们，而只是试图在众多员工和优先事项之间找到平衡。这类员工无法想象他们的老板没有为他们考虑，因为他们每时每刻都在为自己着想，所以他们无法理解不以自己为中心的世界。

我希望你能拥有最好的生活。当然，如果你从不考虑自己的需求和愿望，这是行不通的。但为了保持平衡，你要确保自己不会总把目光转向自己。你要了解你在大局中的地位，探索你在世界上的位置，并把注意力集中在外面。其实好东西都在那里。

我讨厌“自我享受的时间”或“留给我自己的时间”这样的说法。你所有的时间都是自我享受的时间，一天 24 小时。你为什么不把时间都花在你想做的事情上呢？你可能不喜欢做所有的事情，但最终你做这些事情是因为你想做。我不喜欢做家务，但我不想生活在糟糕的环境里。我不喜欢我的孩子发脾气，但我喜欢做父母，而且发脾气是与生俱来的。我做过我讨厌的工作，因为我想要钱。我本可以换份工作或露宿街头，但我不选择那样做。我的时间，我的选择。我认为“自我享受的时间”背后的意思是“放松的时间”，这本身是好的。但它的部分问题在于它暗示你剩下的时间不那么好，在某种程度上不是你的选择，这让你更难以接受其他活动，但会无奈地承认那也是你的选择。

除此之外，这句话还暗示着在你的生活中，你比任何人都重要，最好的时间应该留给你自己。在我看来，这听起来很危险，就好像时间的天平失衡了，你正偷偷溜向舞台中央。这可能看起来很诱人，但不会让你开心。

为了保持平衡，你要确保自己不会总把目光转向自己。

做真实的自己

当你新认识一个你真正喜欢的人时，你是不是很想重塑自己的形象？或者你会尝试着变身为你以为对方想要找的那个人？你可能变得非常老练，也可能变得坚强、沉默和神秘，至少你可以停止开不合时宜的玩笑让自己尴尬或在处理问题方面很悲观。

事实上，你可能做不到。但至少，你可能会坚持一两个晚上，甚至一两个月，但要永远坚持下去是很困难的。如果你认为这个人就是最合适你的伴侣，那么你可能会在接下来的半个世纪左右和他（她）相依相伴。想象一下，50 年的装模作样会导致怎样的结果？

那是不可能的，对吧？你真的想一辈子躲在你创造的虚假人格背后吗？想象一下那会是什么样子，因为害怕失去对方，你永远不能让他（她）知道这不是真实的你。假设在几个星期、几个月或几年后，当你最终崩溃的时候，对方发现了真实的你，会怎样呢？他不会钦佩你，如果他像你一样一直在演戏，你也不会钦佩他。

我并不是说你不应该偶尔试着重塑自己和提高自己。我们都应该一直这样做，而不仅仅在我们的爱情生活中如此。当然，你可以试着变得更有条理，或者不那么消极。你乐意改变自己的行为很好，但你旨在改变自己的基本性格是行不通的。你想做事令人信服，结果却让自己身陷困境。

所以，做真实的自己。不如现在就把一切都和盘托出。如果你不是对方要找的人，至少在他（她）发现之前，你不会陷得太深。你知道吗？也许他（她）真的不喜欢复杂，也许沉默寡言的人不适合他（她），也许他（她）会喜欢你坦率的幽默感，也许他（她）想和需要照顾的人在一起。

你看，如果你的好是装出来的，你就会吸引一个不属于你的人。这有什么用呢？总有那么一个人，他（她）想要的就是和你完全一样的人，他（她）接受你所有的缺点和失败。我还要告诉你的是，他（她）甚至不会把这些看成是缺点和失败。他（她）会认为这是你独特魅力的一部分。他（她）是对的。

不如现在就把一切都和盘托出。